按下暫停鍵也沒關係

在憂鬱症中掙扎了一年，
我學到的事

阿滴（都省瑞）／著　李姿穎／採訪撰文
小鬱亂入／繪

自序——

生病了，按下暫停鍵也沒關係

「我過去的傷疤，是給未來的人康復的希望。」是我一直以來在實踐的事。

在罹患憂鬱症前，我就曾透過影片分享異位性皮膚炎的求醫過程以及控病方針。經歷過公關危機後，我也把如何在大量負評、議論中調適心理狀態的方式分享給其他創作者。而在憂鬱症中掙扎的那一年，我所經歷漩渦般的黑暗，淬煉出了這本書。對我來說，如果能夠以自身經歷帶給別人幫助，那我的痛苦就不單純只是痛苦，而是被賦予了一層新的意義，我也能安慰自己不枉走這一遭。

這本書原本只是想要描繪我在憂鬱症掙扎的那一年所發生的事，不過寫著寫著好像變成了一本自傳，很真誠赤裸的探討了我在人生各個階段的理念、想法、矛盾。從小時候的成長背景一直寫到當上YouTuber，以及生病後漫長的康復之路。我很喜歡文章最終呈現出來的感覺，是帶著輕鬆日常的口吻描述著生病的那些日子，看了不會讓人感覺太沉重，卻也可以如臨其境的走過那些場景。更重要的是，我希望能夠透過這些片段讓也受到憂鬱症困擾的人感受到「沒錯，我也是這樣的，原來不是只有我這樣」的同理。

還記得在我生病時，每天都在想著「我到底會不會好起來」以及「真的有人能同理我嗎」。在憂鬱症中會襲擊而來的絕望感很可怕，那種悲傷像是實際上負重幾十公斤的石頭在身上，讓人喘不過氣。「康復」對我來說是不可能的任務，也曾好幾次想要放棄。但在狀況好的時候，我總是積極的在網路上、書本裡嘗試尋找跟我有相同經歷的人，以及他們成功恢復健康的故事，想要找到一個可以讓我得到希望、可以確實康復的指南。

如今我好起來了，我想做的就是成為過去的自己所渴求的那份引導。或許，如果運氣好，也能成為現在正在憂鬱中掙扎的人的希望。

書名《按下暫停鍵也沒關係》，一來是呼應我自己的職業，二來是描述我生病的那一年就像是按下了暫停鍵，進入了工作停擺、人生卡關的異時空，最後也是個提醒：為了自己而停留、察覺並不是壞事。我們都應該更加重視自己的心理健康，不要等到生病了才想要修復，就算真的生病了，有病識感的讓自己停下來修復也沒關係。

然後我想說：終於完成這本書了！好爽!!這次非常感謝主編銘彰與採訪姿穎兩位，訪問我三十多個小時，並把內容整理成章節與文字，我才能在忙碌的時程中擠出時間完成這本書。平時都是以處理影像為主，這次出書要反覆處理六萬字左右的文章，實在是不容易！同時，這次也特別邀請小鬱亂入團隊參與，封面跟書裡的全彩圖都是我跟她們討論後、量身打造所設計出來，搭配讀物的插畫。

最後，感謝在生病的這一年沒有放棄我的家人朋友們。很多事已在書中提到，有些無法收錄的故事我也都還記得。在我人生中最低谷的這一年，幫助過我的所有人都是我一輩子的恩人！謝謝你們！

推薦序

從枯萎到重新長出力量

——滴妹

哥哥得憂鬱症的那段時間，大概是我人生中，最黑暗最絕望的時候。

從我一出生，哥哥就在我的身旁，總是讓人很安心的走在我的前面，他是我的榜樣，也是我的目標。我連大學都要當跟屁蟲，跟著他一起讀同校同系，只要是能做到他能做到的事，我就會覺得自己很厲害！大學畢業後，我也是從零開始跟哥哥一起經營 YouTube 頻道，感覺我只要跟著他的腳步就可以了，什麼都不用擔心，因為有哥哥在。

但是在二〇二〇年，我感覺到哥哥慢慢地生病了……造成哥哥生病的原因有很多，我看著他承受各種壓力，而追求完美的他總是不懂得怎麼放過自己，一直覺得自己可以為身邊的人再承擔更多，同時還要遭到不認識、不理解他的人謾罵。

我印象很深刻的是，他第一次拍攝到一半默默地流下眼淚，靠在我肩膀上說他很難過，我當下也無法為他做什麼，只希望他的這份難過可以慢慢過去。沒想到接下來狀況卻越來越糟糕：我看著他縮在地上喃喃自語、看著他無法控制他顫抖的手、看著他無法完整講好一句台詞，像是看著逐漸枯萎的一朵花一樣，哥哥的肉體跟精神就這樣萎縮成一團陌生的樣貌。一直以來支撐這個家的哥哥，支持我的哥哥，已經不見了。看著自己最愛的人失去快樂跟笑容，原來這麼可怕。

我從來沒想過有一天，我必須要獨自一個人走在前面，沒有人可以幫我分擔，替我想辦法，告訴我解決方法。那時還正當我的飲料店「再睡5分鐘」第一次展店到台中，正需要哥哥像以往一樣的給我方向，我卻只能自己想辦法了。在陪伴他時，我也很難讓自己不被他的漩渦帶著往下沉，回想起那段日子，真的是心有餘悸。要論哭泣次數的話，我的次數應該不下於哥哥。

事過境遷，哥哥的憂鬱症改善了，現在回想起來，感覺是度過了好長好長一段時間。雖然我還是時不時會擔心，他會不會又掉入那個黑暗的深淵中，但現在我們兄妹倆住在一起，互相有個陪伴、照應，我可以常常觀察哥的心情跟狀態。如今在一天當中，能夠常常聽到哥哥的笑聲，仔細想想，都還是會覺得很不可思議，甚至會感動到想哭。

如果我人生能夠有一個願望，那就是希望哥哥能夠一直健健康康、開開心心的。也希望看這本書、跟他一起重新經歷這段旅程的讀者，可以從中得到力量。

（本文作者為知名YouTuber、阿滴的妹妹）

推薦序

現在所遭受的挫折，會在未來成為支持別人的那道光

——志祺七七

我還記得我是何時發現阿滴變得不太對勁的。

當時，由於阿滴的工作室與我的辦公室很近，而我們又常常會一起去參加一些 Google 的活動，或是一起去某些地方開會，因此我們就變成了「車友」，我會從我的辦公室叫車，然後順路過去接他。

一般來說，我們在車上都會隨意地閒聊最近的八卦，又或是討論未來工作的安排，但那一天，我發現到阿滴有點恍神，而且手還會不自覺

地顫抖。我問他說，是不是昨天沒睡好？他說是，並描述他那陣子失眠有點嚴重，而我也只是當作一件小事，鼓勵他去運動，然後叫他不要晚上一直打電動。

但很快的，我就注意到這些現象，持續得有點太久了。

當時和阿滴去上百靈果的專訪，結束時我便順勢提出說要不要一起走回家，好好聊一下，順便運動運動，這樣晚上可能會比較好睡。結果沒想到，阿滴在羅斯福路上抱著我痛哭，哭著講說他最近的狀況到底有多糟糕。

我們坐在羅斯福路上的兩顆大石頭上整整兩個多小時，我跟他分享自己以前憂鬱症的經驗，也協助他用理性的角度釐清他一些過度擔心的幻想，直到他的狀況看起來比較穩定一點，我們才分開。而當晚回到家後，我跟他的家人說：「阿滴得了憂鬱症，狀況不太好。」

憂鬱症的路是漫長而看不到盡頭的，除了生理上的折磨外，心理上的認知失調更是讓人痛苦。「為什麼是我？」「我以為我好了，原來還沒嗎？」「到底還要多久才會好呢？」我相信阿滴在憂鬱症的那一年中，一定在心裡吶喊了無數次。

還好，阿滴最後走過來了。我想在這段過程中，阿滴身邊的親人們絕對最功不可沒，因為有他們的陪伴，佐以阿滴的幸運，我們才能看到現在每天發廢文的阿滴。

在阿滴狀況已經明顯好轉後，他跟我提到了想出這本書的事，也才有這個緣分跟銘彰與姿穎完成這本書。在這本書中，阿滴把大家帶回他的童年，他成長過程中遇到的挫折，還有在他光鮮亮麗的百萬 YouTuber 身分背後，那些不為人知的焦慮與苦惱。整本書閱讀的體驗，就好像是《進擊的巨人》中最後吉克與艾倫的旅程一般自然且流暢。相信每個人看完，都一定能對這個疾病更加了解。

「我們現在所遭受的挫折，會在未來成為支持別人的那道光。」

雖然很多人會說這是句雞湯幹話，但我始終認為這是我人生真實的體悟。就像是我自己因為有了之前深陷憂鬱症的挫折，才可以在阿滴難過的時候，多少撐住他；也就像阿滴，因為有了這次的挫折經驗，所以能有這個機會讓更多人認識憂鬱症和躁鬱症。

我相信或許不是每個人都會得到憂鬱症，但每個人的身邊，可能都有一些身陷憂鬱症的朋友，而這本書絕對可以給你們一些幫助。

祝大家一切都好。

（本文作者為知名YouTuber、時事觀察網紅）

推薦序

如果不小心被小鬱亂入時，一起抱緊處理吧

——小鬱亂入團隊林妤恒、白琳

小鬱亂入團隊創立以來，所看過與推薦的憂鬱症相關書籍可能有五十多本，包括：國外翻譯、國內醫師、心理師、被小鬱亂入的當事人、憂鬱症患者身邊的陪伴者等各種不同角度出發的著作。老實說，有些書的內容與設計可能會沉重到讓讀者不敢翻開來閱讀；另一個狀況是大部分書籍譯自韓國或美國，文化與生活背景有時候又無法完全真的貼近身處台灣的我們。

因此這次我們特別特別開心看到這本作品。首先這本書的調性輕鬆多

了，不但不會讓人望而生畏，而是會感覺「啊！我的確也有這種症狀」或是「這個狀況我可以理解」。再來，這本書不只是經驗分享，還做到了知識教育，書中的故事與專業知識，會對憂鬱症患者或身處躁鬱症鬱期的讀者有相當的參考價值。

我們因為這次的插畫合作需要先閱讀書籍內文，最有共鳴的段落就是（以下劇透，斟酌閱讀）阿滴一直極度負面思考，他不但認定自己會失業破產，還因此不想花錢接受心理諮商或嘗試其他改善方法。（大白表示：「我也是！！！」）這算是典型的憂鬱症鑽牛角尖症狀。這段故事還特別讓我們回想起我們第二本大白自傳式漫畫的故事：在不喜歡的設計工作職位硬撐，打死也不離職。就算朋友和家人都一直鼓勵，但因為小鬱的關係而「堅信」自身能力不夠好，而拒絕改變。其實回頭看看，真的是按一下暫停鍵也不會怎樣。（編按：大白為漫畫《小鬱亂入然後咧？阿焦也來參一腳！》中角色）

從小鬱亂入專案的角度來看，憂鬱症患者可以說每一天都要特別努力才能活著，而當要承認「自己有憂鬱症」時，更是需要非常大的勇氣。而阿滴作為一位公眾人物，居然決定親自分享公開他罹患憂鬱症（躁鬱症），更讓人特別欽佩。特別感謝這次阿滴的創作與邀約，讓小鬱這個角色可以有更多人認識，也讓小鬱這個角色真的亂入到阿滴的故事。我們衷心祝福阿滴能持續保持適當的心理健康，也祝福看到這本書的讀者，如果不小心被小鬱亂入時，一起抱緊處理吧！

（本文作者為「小鬱亂入」臉書粉專／網路平台創辦人、本書插畫）

目次

Part 1

成長

1

再說一次晚安

我仍然蓋著阿嬤親手縫製的小被被，
但再也無法像個孩子呼呼大睡，
再也聞不到甜甜的夢境的味道。

我想念在阿嬤親手縫製的小被被裡睡著的時光。

不知道大多數人是否和我一樣，睡眠習慣隨著社會化的過程變得困難，當我意識到自己睡不著，才發現我已經離小孩的身分很遠了。

我是在女孩窩長大的小男生，小時候在新加坡讀書時，我跟大表姊、小表姊、表妹、妹妹住在同一個房間，童年的房間裡，充斥我們的笑聲跟哭聲。當時睡的是上下舖，最底下夾層還可以拉出一個床板，小表姊睡在最下面的床板，妹妹睡中間，我睡最上面。記得有次，我睡一睡，覺得身體好熱喔，一個翻身，把枕頭推出去，噗通一聲掉在小表姊臉上。長大以後，小表姊總是跟我要贊助隆鼻的費用。

房間裡，小朋友們一起玩耍，睡覺前也彼此呼喊刷牙，關燈後在黑色的空間裡，你一句我一句地搶話聊天，陪伴彼此的夢境。每個人身上都蓋著阿嬤縫製的小被被，一人一條。小被被發出暖暖的、有點奶氣的、夢一樣的味道，阿嬤甚至會縫製和小被被相同花色的睡衣給我們。你能想像五個小孩穿著被子花色的一整套睡衣、沉沉睡去的畫面嗎？好像滿逗趣的。

當時的我一躺上床就能呼呼大睡，
從沒想過自己會有睡不著的一天。

離開新加坡回來台灣以後，我擁有了自己的房間。一開始在自己的房間裡很不習慣，我的玩伴都不在，只有我一個人面臨巨大的黑暗。

但是我知道，沒關係的，妹妹就在隔壁房間啊，才不會發生什麼事呢！於是很快就習慣這種寧靜的黑暗，知道一個人面對黑暗也沒什麼的。我暗自欣賞自己的長大。

不過，國中以後，我開始有些微的睡眠障礙，因為異位性皮膚炎的緣故，晚上睡覺時，經常感到身上刺癢難耐，翻來覆去也睡不著。大學時，我開始吃少劑量的安眠藥，就這樣養成了輕微依賴的習慣，安眠藥吃下去後，會有鎮定心神的感覺，不只是皮膚沒有再這麼燒灼，就連心也會跟著一點一點平靜下來。有時候我省著吃安眠藥，以便之後有突發狀況。記得念碩士那段時間，我刻意想戒掉安眠藥，大約每一兩個月、真的有需要時才會吃1/4顆。

直到二〇一七年，我的 YouTube 頻道訂閱破百萬之前，才重啟吃安眠藥的習慣。有時因為工作壓力失眠，怎樣都睡不著，我就吃半顆藥，至少可以安心地擁有一個夜晚好眠、讓身體不至於崩潰。那時我尚未意識到生活的焦慮感，只覺得自己有睡眠問題。

二〇二〇年，我成為了一個每天需要服用兩顆鎮定劑、兩顆安眠藥，吃下去以後半夜還會驚醒的病人。

我仍然蓋著阿嬤親手縫製的小被被，但是再也無法像個孩子安心睡去，再也聞不到，甜甜的夢境的味道。

我想對自己說聲晚安，即便每晚都是等待天亮的漫長黑夜。

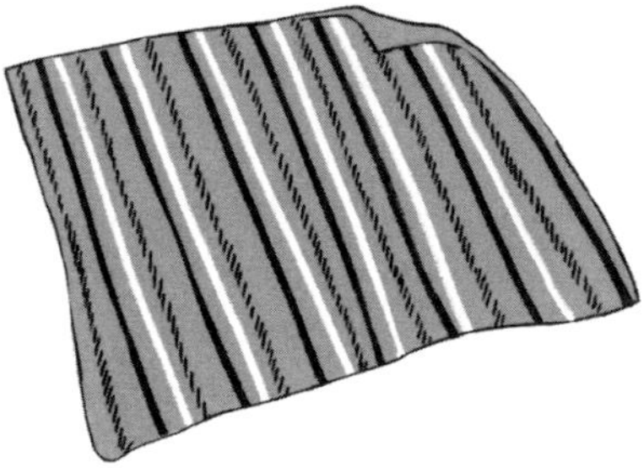

2

尚未擁有的那一張遊戲王卡

我跟所有人一樣，會哭，會笑，
會痛，會崩潰，會需要安慰，
會因為深陷黑暗而膽怯。

我的父母是台灣平凡的家長，為了讓孩子未來有所成而努力工作、省吃儉用，只為了送孩子到國外念書。當時大姑一家人居住在新加坡，去新加坡學英語成為父母投資我們未來的首選。雖然他們那時也是揪著心，媽媽甚至去求神拜佛，再三確認這是最好的選擇，才讓我們出國。於是，我們小小年紀就脫離他們的保護、脫離台灣教育體系，在新加坡念完小學。

第一次去新加坡，爸媽不敢跟我們說是要來念書的，我以為是來玩耍的，帶了一堆玩具到大姑家。爸媽離開以後，大姑隨即把所有玩具沒收。那一瞬間，小小的我也意識到命運的風雲變色，崩潰了很久，也因此好一段時間跟大姑維持緊張的關係。出於傲嬌的心態，我也排斥學英文。「搞什麼啊，為什麼要脫離我本來的朋友圈與生活圈來到這裡？」我用拒學抗議一切。

以台灣小學生的英文程度，來到雙語教育的新加坡，基本上就是凌虐。

在新加坡，除了華語以外，所有科目都是用英文教學，可想而知我上課完全聽不懂，下課還得去上語言學校。以前我只要去上學就好，現在我還得學完英文才能去上學，「英文」成為我生活的敵人。大姑原先讓我在市中心上語言學校課，但我的學習進度毫無起色，她實在太害怕我在新加坡混不下去，決定幫我安排一對一家教，換了第二個老師。

我還記得第一堂課，那個老師沒有丟給我任何單字與文法，只問了我一句：

你有沒有什麼生活上的問題想解決？
或是有什麼人生困難呢？

拜託，誰會問一個小學二年級的屁孩這件事？不過，也許當時我需要的就是這個問題。我非常誠實地跟老師說：「我想要買遊戲王卡。」

誰在小二不是執迷於卡通呢？當時因為我們一家女孩子，我不可能搶得到電視遙控器，我就跟著大小表姊看《美少女戰士》《小紅帽恰恰》《玩偶遊戲》《庫洛魔法使》《真珠美人魚》這些卡通成長。搶不到電視遙控器沒關係，我唯一的堅持是，一定要用漫畫看《遊戲王》，對那個年紀的我來說，武藤遊戲持有的神之卡才是人生的真理。

那堂課，英文老師教我如何用英文講「我想要買遊戲王卡」，然後他給了我錢，讓我去買遊戲王卡。我拿著老師的錢，一個人去樓下的遊戲店，這也是一次小學生的遠征了——一間馬來西亞人開的卡店，必須用英文交談。為了遊戲王卡，我用不標準的英文，大膽地發出了音，唸出完整的句子。

這感覺真是太棒了，我用剛剛學會的英文買到了遊戲王卡——看來，我在新加坡混得下去了。雖然那包卡片裡一張閃卡也沒有，全都是「糞卡」，但這對我仍然別具意義，開啟了我對英文的興趣。學英文才不只是為了上課交作業，還可以在生活中實踐，於是，我就死心塌地跟著這個老師學英文了。但後來，老師有叫我把錢還他，其實也才七十塊台幣，真是。

一開始跟妹妹在國外獨自生活，我偶爾也會偷哭，不過也讓我更意識到作為哥哥的責任，也許我喜歡照顧身邊的人的習慣也是從此開始。當我漸漸適應新加坡的生活，爸爸媽媽因為惦念我們，只要有時間，就會盡量一個月飛來一次。我們兄妹之所以跟家裡感情很好，也跟這一段分開的時間有關，因為反覆的離別，更珍惜再次相遇的時間。

自此，我開啟了我偶像劇般燦爛的小學時光。

當時我跟小表姊在同一個班級，經常黏在她的身邊當跟屁蟲，小表姊是努力型的人，有點內向、喜歡默默做事；大表姊則是樂觀開朗、在學校很有人氣，而且學什麼都非常快。因為我會彈鋼琴，記得有次我教大表姊跟小表姊同一首歌，大表姊很快就學會了，但小表姊教好幾次都不會，到後來我就懶得教她了。不過小表姊很努力地持續練習，有一天，她也彈出了那首曲子。我從小就看著小表姊的沉默與努力，也因為她心思細膩，我常跟小表姊講很多心事跟秘密。畢竟，當時我妹才小學一年級。

我在班上屬於那種交友廣闊、成績也不錯的學生，男生女生都可以跟我當朋友，因為我生性外向，自然成為校園裡的小小人氣王。當時的我還沒有皮膚病，小六就身高一百六十公分，會打籃球會游泳，成績落在EM1，在新加坡，那是成績最高的一班，在那個班級裡我的排名還可以在中上——這簡直是天之驕子了吧！我從小就算是滿圓融的人，懂得待人處事之道，在人際關係上也很得心應手，走出教室，身邊隨時有一些小弟小妹跟著我。隨便數一數，我當時大概有三個乾妹妹。天啊，當時真的走路有風。我想，那時候我也非常喜歡自己。

我經常想，如果國中在新加坡繼續念下去，也許現在我就會變成一個混蛋（會被罵「asshole」那一種），因為一切實在太順風順水了，人生就像開掛一樣——當時我考上新加坡的第二志願 Victoria，有點類似在台灣考上師大附中的感覺，如果那時不是迫於家裡的狀況必須回國，也許我已經因為過度自信成為一個爛人。

事實上，我從幼稚園時期就覺得自己是一個「特別」的人。在台灣念幼稚園時，我生性亢奮，容易坐不住，老師在上課的時候，我會忽然站起來，繞著教室走一圈。又比如說，我姓「都」，走到很多地方人家都會覺得你很特別，我是家中女孩子群裡唯一的男生，也讓我有一種自己很不一樣的感覺。

但其實……我並沒有這麼特別，這是生病以後我才更深刻認知到的事。我跟所有人一樣，會哭，會笑，會痛，會崩潰，會需要安慰，會因為深陷黑暗而膽怯，會想要別人無條件的擁抱，也會生病。

生病時期，總讓我想起當時問我「你有沒有什麼人生困難呢？」並且丟給我零錢去買遊戲王卡的老師。

長大以後，只能自己成為自己的老師，
依靠自己的力量，走出被困住的地方——
我能抽到我剛好需要的那張牌，
召喚怪獸、發動魔法嗎？

雖然說新加坡的生活聽起來好像滿爽的，但從小二到小四，我、妹妹和姑姑一家人，一直都在搬家。

十歲那年，我的夢想是「當房東」。身邊的同學都在夢想當「太空人、總統、超人」的時候，我已經認知到活下去是需要資本的一件事。大姑在新加坡生活也並不容易，爸媽雖然每個月給錢，但也不是大手大腳，就是省吃儉用地給。我、妹妹、姑姑一家生活得滿拮据，一直都是住在地價比較不好的區域，房東常常要漲房租，我就會看到他們對大姑說話的嘴臉，完全不留情面，趾高氣揚地趕人。

這個房東什麼事都不用做，就可以跟我大姑姑拿那麼多錢，就是因為有這個房子啊……小時候歷經多次的搬家，我立志，長大一定要當房東。我當然也想當愛因斯坦，可以做出一些很酷的東西，不過當房東還是比較好，收了房租後，你才能去做你想做的發明，這是小學的我所理解的人情世故。

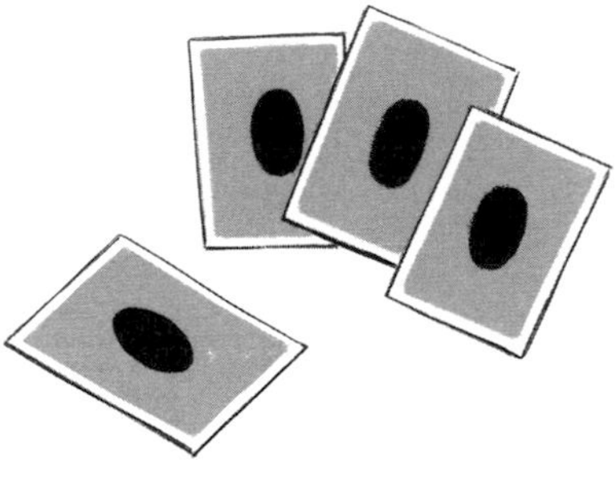

3

成為異類的那種特別

我曾經在公開場合跟病友見面，
看到他們整隻手都發炎脫屑，
我會直接握住他們的手，
想給他們一些力量。

小學畢業後，爸爸的公司因為金融海嘯嚴重虧損，無法再支撐我與妹妹在國外念書的開銷，於是全家討論後，我們決定回來台灣繼續學業。

一回到台灣時，除了心理上的不適應，生理的變化更為劇烈——我的異位性皮膚炎嚴重發作。以前我就會有一點點小皮疹，但因台灣與新加坡的氣候落差，我在就讀國中時，皮膚嚴重到會有整塊皮脫落，大量的局部發炎與紅腫，臉上也長滿皮屑，加上因為受不了就會瘋狂抓癢，身上也多了許多疤痕。我的容貌變了，別人看我的態度也改變了，我不再是那個全年級最高的風雲人物，講話開始變得畏畏縮縮，少了自信，總覺得別人直視我的時候，是直視著我的病。

不過，隨著我的皮膚病越來越嚴重，我也變得更有同理心，因為度過很長一段被取笑的日子，我知道冷漠與不理解會對一個人造成什麼樣的負面影響。成為 YouTuber 後，我很快公開這段經歷，也與大家分享我自己嘗試過的各種治療方式。我曾在公開場合遇到一個病友，他整隻手都在發炎脫屑，也畏畏縮縮的，不敢直視我的眼睛。我握住了他的手，慢慢地跟他說了很多話。我知道這樣握住他們的手，對他們來說，會感到自己被全然地接受。小小年紀的我，也曾等待著這樣的一雙手。（科普一下，異位性皮膚炎是遺傳性疾病，就算直接接觸到患者的病灶也不會被感染。）

為了延續英文學習，我們仍然就讀台北市邊陲的美國學校，一剛開始我講的是新加坡口音，身邊的同學也覺得我怪，從口音到外表，我變成一個「異類」，班上的同學不太和我說話——我被排擠了。青春期的我正是迫切需要人際關係來認可自己的時候，一心只想著如何被喜歡。我對自己說：

嗯，你不是很想要特別嗎？

現在夠特別了吧！

後來，我的異位性皮膚炎還演變成紅皮症，也就是表層皮膚90％都處於發炎狀態，嚴重時要直接注射類固醇或住院觀察。我對自己產生了高度的焦慮，每天想著我的皮膚該怎麼辦。當時知道我病症的人，有少部分對我抱持著取笑與嫌惡的態度，我也受到很長一段時間的言語霸凌。有一些反叛性較強的美國同學，也會因為我跟老師的關係不錯而討厭我。有時因病況必須去住院兩天，回來時同學問我去哪裡，為了不讓別人知道我的病症，我都選擇不說。

總之，討厭一個人，是不需要理由的。

天知道，當時我有多想交女朋友啊，小學時很多女生來跟我告白，我還沒有想戀愛，到了青春期渴望著愛的感覺，卻頻頻告白失敗，難免生出自我否定感。

鬱悶時，回家的我一個人彈著鋼琴，聽那些我喜愛的電玩遊戲音樂，從指尖流洩出來的琴鍵聲安撫著我。

我想，我應該還是一個有用的人，只是皮膚生病了。

同時，家裡因為經濟問題，歷經長時間的低氣壓，我不跟家裡人說學校的狀況，眼看他們必須把辛苦賺的錢，拿去支付我的醫藥費跟昂貴的學費，讓我覺得很自責。從這時開始，我心底萌生了一個想法：無論如何，我得趕快長大，趕快自己賺錢。

國中同學大部分是美國人，我們學的是美國的歷史與科學，因此要考基測前，其他學科得自己上家教學習，我的普通學科落後於一般國中程度，考上私立東山高中。上了高中以後，我慢慢找到了我的成就感來源——英文。

過去我身邊都是以英文為母語的人，來到普通高中，我的英文程度忽然變成最好的，雖然大家還是會用異樣的眼光看我的皮膚病，但我可以透過教別人英文、幫助英文老師整理上課的資料建立成就感，也讓我自己覺得：大家需要我。

高二我就通過了全民英檢高級，英文老師允許我在上課時間做自己的事，我會看英文小說，或是幫老師改其他同學的考卷；我也很常代表學校參加校外演講或作文比賽，還拿過二〇〇八年作文比賽乙組的第一名（乙組是在國外就學超過三年以上的人參加的），因此在學校就受到許多表揚，走過其他教室，有些人會知道我是誰。不過，人際關係上，因為我不斷地轉班——從一類轉到二類，轉回一類後又再次轉到資優班，跟他人一直維持不深不淺的關係。

我小時候的偶像是周杰倫，看周杰倫去上《康熙來了》，靦腆又內斂的感覺，他不菸不酒、行為端正，而且最重要的是，他因為才華而受到女生歡迎，皮膚好、又帥，有自己的態度——這是當時的我最想要的，因為能力而得到關注與愛。

高中因為英文能力突出，我開始享受「知名」的滋味。我唯一比任何人做的還好的就是英文，那讓我走路可以挺直腰桿、更有自信，比方說，我曾經代表台灣去參加美國的 HOBY 英文領袖營，被當時的總統陳水扁接待。這些跟英文專業有關的標籤使我被討論，讓我想起小學時期很多人喜歡我的那種感覺。

理所當然的，我大學志願全都選填英文系。輔仁大學英文系畢業後，碩士繼續讀多媒體應用教學，學習用不同科技跟平台融入英文教學，讓英文學習更有效率。同時，因為家裡狀況不好，我做很多不同的工作，靠自己賺生活費、醫藥費，接很多份家教、在電台打工當主播、做婚禮現場的攝影……

現在看來，一切沒有白走過的路。大學時我就對剪輯拍攝有興趣，因此看很多電影分析剪接與製作，研究各式攝影器材，家教賺來的錢都拿來買器材。當時手機畫質還沒那麼好，並不是每個人都可以拍影片，這奠定我成為一個 YouTuber 的起點——拿著這些器材，把拍攝結合我擅長的英文，就是現在大家看到的「阿滴英文」了。

ENGLIS
Taiwan.
WHO can help?
The New York Times

Part 2
前夕

4

從高峰往下看

我接下來要怎麼走？我怎麼到這邊了？
那一整年，我就像是站在高峰上往下看，
眼前的路，卻只有往下走。

二〇一五年，我碩士畢業，在網路公司當英文課程規畫的顧問。在這間公司上班的同時，每天下班我就寫腳本，禮拜六拍攝，禮拜天剪輯。做頻道的內容，每週都是這樣過，慢慢累積訂閱者。二〇一六年，我終於下定決心完整投入自己的頻道，上班一年又三個月後，我成為一位全職 YouTuber。

離職以後，我與家人一起去澳門玩，當時還用影片記錄了突破十萬訂閱的那一個瞬間。當時的感動，至今想起來依然深刻：我有十萬個觀眾，有這麼多人喜歡我的內容、喜歡我！於是，我就設立了下一個目標──百萬訂閱。阿滴英文的經營，在三週年以前，一直都在我預期內、甚至比我預期還要更快速地成長，累積了許多忠實的粉絲。我還記得破百萬是二〇一七年的七月七日，當下非常開心，同時做直播分享，但那種達成里程碑的喜悅，只持續了一個禮拜。

突破百萬訂閱以後，我開始出現了職業倦怠，感覺自己從事的東西、製作的內容只是日復一日。不過當時，我還沒有遇過太嚴重的公關問題，由於從事的是純英文教學，大部分的評論多是罵我英文很差、影片出錯，或是批評我的發音等。我是高度使用社群的人，除了臉書、Instagram 大小帳號、Twitter、也有使用噗浪，當時也經常逛 PTT、Dcard、各種匿名論壇，看別人對我的評價。

為了讓訂閱數更往上升，突破三十萬訂閱後，我開始跑很多校園演講，推廣頻道，每個禮拜至少一次，在全台各地實際接觸觀眾。走在路上，也開始慢慢會被認出來：請問你是阿滴嗎？

其實這樣的頻率還算舒適，只是我也慢慢意識到，我是一個被大眾認識的人了。

二〇一九年一月十一日，我的頻道突破兩百萬訂閱，距離二〇一五年一月十一日——阿滴英文發布的第一支影片，剛好相隔四年。

就在那個時間點，網路上開始出現很多對我的批評：「阿滴好像變了」「他的影片不用心」「他失去了初衷」。看到許多不是事實的評論，我心裡非常在意，有人說我幫助其他新進 YouTuber 是因為想利用他們，或者看到我幫滴妹拍影片，就指責我不用心投入英文教學……我開始有種恐懼：有一群人，正聚集起來討厭著我，他們都在我看不到的地方討論我。那我該怎麼跟他們解釋呢？不是的，我不是這樣的。

其實現在看來，那時觀眾對我的評論真的都非常輕微，沒有什麼殺傷力，這也是我生病後才知道的。不過當時年輕的我確實很緊張，我會一直在他們評論的地方留言、跟他們解釋，貼教學影片的連結給他們看，但貼給他們之後，他們會再批評我在宣傳自己或影片很無聊。

現實生活裡，我是一個做事圓融、希望大家都好的人，簡單來說就是個「和事佬」，也因為這樣的個性，跟現實生活的朋友都處得不錯。所以當網路上出現討厭我的人，就好像有一個汙點一直在那邊，讓我想去解決。不只是網友，甚至網路、電視新聞也會開始看我發的東西出報導，放大檢視我做的事情，甚至是擴大一些對我的誤會。

我的生活，開始改變了。

整個二〇一九年，我其實過得非常茫然，一到兩百萬訂閱，我生出強烈的不安感——我的頻道是全台灣第一個破兩百萬訂閱的知識型頻道，前面沒有任何人的經驗可以參考，後面有很多人在看著我。

我接下來要怎麼走？

我怎麼到這邊了？

我就像是站在高峰上往下看，眼前的路，卻只有往下走。

我知道流量不是永遠，人會過氣，甚至當時的現況是：認真做的教學影片越來越少人觀看了……站在一座山的頂峰往下看，只會看到往下走的那條路。

突破兩百萬訂閱以後，我急欲尋找第二個事業高峰。我才三十歲，接下來要幹嘛？錢賺得夠多嗎？我留下的名聲是好的嗎？我一輩子都要做 YouTuber 嗎？我還可以做什麼？要是不努力做些什麼，很快就會往下走。

二〇一九年一整年都在焦頭爛額地嘗試各種創業、投資：投資股票、房地產、補習班，還有開線上課程、做兒童教學動畫、跟朋友合資洗髮精公司，也做了一些社會型專案。每天如果幸運，我可以睡到五、六個小時，不幸時則因焦慮感無法入睡，而焦慮感的循環又推著我在白天去做舒適圈以外的事。現在想來，急躁地想踏出舒適圈，並非一件好事。當你進入很多不熟悉的領域，沒有充裕的時間與正確的心態去理解，輕則吃一點小虧，嚴重則是被騙。當年，我還辦了自己的英文雜誌，為了每個月都生出一整本雜誌的內容而擴編團隊，經營了兩年後，卻因無法收支平衡，決定結刊。那些失敗，一次又一次地否定了我這個人。

二〇一九年底，由於所有專案的推進都以失敗收場，我決定專注回歸本業做影片。當時考量到「阿滴英文」已經是一個經歷多年累積的頻道，觀眾組成非常複雜，很難同時滿足所有人的需求，但 YouTube 又是如果第一時間沒有人潮湧入觀看影片，後續的推播也會很差的生態，於是我在十一月決定開設新頻道「阿滴日常」。這讓我嚐到成長嗎啡的滋味，同時也無預警地墜入深淵。

「阿滴日常」頻道一開張，數據、訂閱都在迅速往上爬，我很久沒看到這麼高的觀看次數，很難沒有比較心態。過去做「阿滴英文」，辛苦花兩三天寫教學影片腳本，再進入到更耗時的後製，也要反覆確認所有資訊是否正確，一支教學影片要花一個禮拜製作。對比「阿滴日常」，隨手拍的性質，只花半個小時就剪出來的影片，流量居然可以相差快十倍。

我知道，一定會有人說：「你看，你就是違背了初衷，你被流量綁架了！」是，沒錯，我不否認這樣的流量來得又快又簡單，但我也很想知道，如果他們來到我這個位置，會怎麼做呢？我仍然對「阿滴英文」的每支影片感到驕傲，但當每次「阿滴英文」產出了一個我自認有九十分的作品，卻只得到了三十分的回饋；反而是相對隨意做的「阿滴日常」可以得到一百分的討論跟評價，換作是其他人會做何感想呢？我是人，我會懶，我也想享受這種速成的掌聲，尤其在二〇一九年整年度的失敗下來，我追求的已經不是賺錢，而是成就感、認可自我的價值。

因此，我在開啟頻道沒多久就宣布「阿滴日常」是一個「日更型頻道」，每天六點準時上片，為期一年。這個承諾觀眾要日更一年的頻道，讓我為了每天產製影片，無時無刻都在拍片狀態。生活的所有一切都被我拍成影片：吃飯、工作、看劇、打電動、與朋友見面、與家人見面……當時的我，每拍一支影片，都要再多拍一支這支影片的幕後影片，把自己的生活與工作完全攤在大眾面前，親手剝奪了自己的私人空間。更糟的是，這把我生活的一切都量化：吃飯有多少人看？工作有多少人看？打電動有多少人看？有些頻道更誇張，連睡覺開直播，都有人在看，我是還沒有走火入魔到這個地步。

當生活的一切都數據化，我的心理健康也開始失衡，每天看著這些數據分析，觀看次數、觀看時數、獲利最高影片——用這些數字來評估我這個人的價值，以及我在做這件事的價值。

今天吃這家素食餐廳得到十萬點閱，與昨天吃這個麻辣火鍋得到三十萬點閱，顯示吃麻辣火鍋對頻道跟群眾來說比較有價值——漸漸，生活的選擇，變成只做一些能夠得到關注的事，或是觀看評分會高的事。

當我把這些事都拍成影片時，我已經沒有生活了。

我的生活全部都是工作，當我起床做任何事之前，我會想到的第一個念頭是：這個可不可以拍成影片？就連跟朋友出去玩也無法放鬆，因為我也想著哪些環節、哪些對話如果要拍成影片該怎麼拍。那麼，在做這些事情的我，是真實地快樂嗎？這其中的選擇，又參雜了多少平台數據所決策的成分？

有陣子我去芬蘭跟沖繩，甚至會一天更新兩次，連續七天就上了十四支影片。很多國外的 YouTuber 探討過這件事，他們嘗試一個人單槍匹馬去做日更，後來都做到心理出現問題，因為這不是人做的，實在太累了。一個人想每天拍什麼、剪接製作都自己執行，沒有任何可以喘息的空間，一天二十四小時，數據都在不斷地進入你的腦袋，你會迷失在這種數據的評估裡。

偏偏 YouTube 當時會獎勵每天都有上傳影片、活躍的頻道，日更型頻道會有更好的推播效果。台灣史上最快破百萬訂閱的 YouTuber 是聖結石，他也是透過日更取得高速的成長。某方面來說，這個平台也是把創作者們當作打工仔，為了讓更多的觀眾看更多與更久的影片，必須用數據綁架產製影片的頻道主，也就是我們這些創作者。

往下走是需要勇氣的，但是當時的我，
一心只想著往前進，去到人生的第二座頂峰，
也因此，我沒有意識到，
我單槍匹馬上路配備的，是一顆筋疲力盡的心。

5

「看到他就覺得很噁心」

「噁心」這件事，也不知不覺中成為我的意識。
生病的時候，我時時刻刻，
覺得自己是一個噁心的人。

二〇一九年年底，我做了一支〈2020.01.11 記得喔！〉無營利影片，鼓勵年輕人返鄉投票；二〇二〇年，我寫了一封公開信〈An Open Letter to the WHO（from Taiwan）〉給 WHO、同年四月參與了《紐約時報》募資「Taiwan Can Help」的發起活動。自此，人們為我的政治立場貼上標籤。

這些我自覺對台灣有幫助的社會參與，也開始累積了大筆的評論：你以為你是誰？不要出來丟人現眼好嗎？憑什麼代表台灣？

我相信只要到匿名論壇隨便搜尋，都可以看到我的大量負評。

當時的我相信一句話：「Be the change you want to see.」我想要善用自己的影響力去力行這個社會上我希望看到的改變。適逢選舉的二〇一九年，我知道美國都會進行青年的政治參與及公民意識倡議，因此聚集了台灣的 YouTuber 拍影片鼓勵年輕人去投票；當看到台灣長期以來在中國的影響下被國際排擠，連在面對全球疫情之際，共同防疫的資格也要受到排除，因此做了給 WHO 的公開信。

相關的社會參與，坦白說，都基於我是一個直覺且熱血的人。當身邊的人跟我提起想法，我覺得這個東西酷、熱血、該做，我就會去做，並且是無關報酬一頭熱地栽下去，非常沉迷，常常一回過神，怎麼兩三天就不見了。不管是投票影片、公開信、《紐時》募資，實踐的過程都是憑著一股衝勁幹下去，發布之後，才會發現怎麼有這麼多反對的聲音。不得不說，我在實踐的過程裡始終是開心的，因為我相信我在做的事擁有良善立意、正確。當然，有許多事，基於一時熱血，也確實欠缺考慮，有很多可以改進的地方。

比如說，《紐時》募資一開始的立意，坦白說就是「譚德塞吃大便」（請容許我這麼說）。在全球疫情艱困時期，台灣人對國際釋出善意與協助，卻遭譚德塞抹黑，說台灣人種族歧視、只有中國好棒棒。在國際已經沒有發聲空間的台灣，在疫情中繼續遭受打壓、被抹煞政治的話語權，這促使我們想站出來，反擊譚德塞並為自己的國家說話。當時不分藍綠政營，都對此事非常生氣，募資案一上線沒多久，就多達二萬六千九百八十人支持，總額募到近兩千萬，還好幾度因為流量太龐大，搞得募資網站癱瘓。

然而募資發出後，因為這是一個社會層級、國際層級的行動，基本上受到全台的關注，我在一天內就收到許多回饋。很多人說：「不要跟譚德塞打這種泥巴仗，這不是正中下懷嗎？」當時收到很多的批評跟意見，還是來自很多我自己也有追蹤的意見領袖，我才意識到：「嗯，好像不可以這樣，我們的確欠缺考量。」整個團隊也馬上動起來，開始思考如何修改方向。但，贊助我們的這些人，就是希望我們登報嗆譚德塞啊……他們的錢也都給了，我們要退款的話，對社會類型的募資案太傷了，未來可能會造成民間發起的類似案子難以推行，一定要拿這些錢去做一些好的事情。

經過好幾次會議，也把在網路上批評我們但願意幫忙的意見領袖拉進討論，我們最後決定轉個方向：台灣已經捐贈各國很多防疫物資，如口罩、呼吸器，然後政府大外宣口號叫做「Taiwan can help」……好吧！不如我們就來廣告台灣實質上已經在做的事，提升台灣國際形象！

不過，廣告發出去後卻吸引來了另一批人的罵聲，說我們是政府的走狗，甚至抹黑我們把集資的餘款私吞了，也有人批評：「為什麼會在紙媒上做這種事，現在誰會看報紙？當贊助者是白痴！」

前者不是事實的指控，我們無話可說；但後者給了我們餘款使用方向上的想法。我們後續串連了各國網路上的創作者，請他們製作影片介紹台灣防疫的成績，以及台灣對國際社會做出的貢獻。我費盡千辛萬苦找了來自八個國家的二十幾位創作者，一個一個敲定這些合作，過程中也被拒絕過好多次。大部分的人聽到內容會牽扯台灣與中國的政治，都覺得不要碰比較好；而我一個一個爭取視訊的機會，跟他們解釋台灣的故事——台灣雖然被國際社會冷落，卻依然積極資助國際社會。後來，願意接下合作的人都是被這段故事打動，而且用很低的價格為台灣發聲，其中有一位創作者「Project Nightfall」的影片在國際上廣為流傳，一支影片就高達四千多萬觀看，而整體二十幾支影片目前結算下來，在國際上有破一億次觀看次數。

因為知道花的是募資的錢，我們很精打細算在使用，募到的一千九百萬，刊登《紐時》廣告四百萬，還剩下一千五百萬：一百多萬架設網站跟投放廣告，六百萬捐給衛福部，兩百多萬做國際網紅宣傳（做了二十幾支影片），最後剩下六百多萬，我們讓贊助者投票怎麼處置，取投票前十名的社福單位捐款出去，這個案子終於在二〇二〇年十月結案。

這樣的文字描述看起來雖然圓滿，但《紐時》募資案，確實也在我心裡留下了一塊陰影。到現在，還是有人說阿滴拿募資餘款一千五百萬投資滴妹的飲料店「再睡5分鐘」，有一群人會罵我是政府的側翼組織，同時有另一群人會罵我是中共同路人。憑藉著為台灣做事的心情，卻得到這樣的評論，讓我心裡很不平衡，我為我的國家、我的家鄉，花了六個月做對得起自己的事，一毛錢都沒有拿甚至自己貼錢，動用我所有人脈，為什麼會遭逢這種下場呢？我並不是要他人的感謝，只是以為，身為台灣人，我們會站在同一個陣線上，去為自己爭取、發聲。我深知我仍有許多可以改進之處，但那些罵我的人，他們為台灣做了什麼？這個陰影，時時在生病期間出現在我的腦袋裡。

在那之後，大量對我人格汙衊的評論出現了，他們把我當作壞人，或是利用社會參與謀取自身利益的人。有人留言：「看到他就覺得很噁心」——「噁心」這件事，也不知不覺中成為我的意識，生病的時候，我時時刻刻，覺得自己是一個噁心的人。

有人問我，如果可以再選一次，還會這麼做嗎？誠實地說，我沒有這麼帥氣，走過了這一場病，進去過那個黑洞，我會回答：

不，我應該會想要自私一點，
即便我認為我做的事沒有錯，
但是如果自私一點，也許我會過得比較開心。

以前我會一股腦投入，現在，我想我會緩一緩，
想清楚再行動，因為我想要走得更長更久一點。

6

我是一個病人了

她拿了一組樂高，邀請我一起拼。
拼著拼著，我就開始哭，
即便我再努力想要專注、投入，
但真的拼不下去了。

從二〇一九年累積的失敗，我投入「阿滴日常」日更，將自己生活的一切數據化，社會型專案給我的心理壓力、好意受到扭曲，我以為是在努力地爬上第二座山，沒想到反而進入了人生的低谷。

二〇二〇年四月之後，《紐時》募資案結束，其實算是一個滿好的結尾，終於安全下莊，但那時，我開始出現憂鬱傾向，只是當下沒有發現。回頭看自己社群上鎖「限定本人」的發文，經常覺得自己很爛，不斷地批評自己。那時我想用這種批評的方式，讓自己更努力一點，我會對自己說：「你怎麼這麼爛，你要更好一點。」就再去做更多一點事。

六月以後，另外兩個在我心理狀態失衡時出現的事件，加劇我的病。

一位已經認識一陣子的朋友想投資房地產，要我借他幾百萬。當時朋友說，兩年之後一定會連同利息還給我，後來他投資失利，被別人騙錢，還不起這筆錢，連付利息都有困難。其實他也不是壞人，是我自己冒了不該冒的風險。不過這件事讓我受到很大的挫折，我知道是自己的錯，沒有估量好自己的狀態，借出去的錢也是一筆不小的數字，拿不回來的話，就是辛苦好幾年的累積一夕歸零。

另外一件事，是由於合約到期，我準備搬離租了三年的工作室。評估財務狀況後，我買了一個離市區比較遠、也比較小的房子，但在下訂後才得知，原先的房東也願意賣給我房子，而且是很便宜地賣。這讓我覺得非常後悔，因為客觀條件與地理位置，都是原工作室更好。我用差不多的錢，買了一個條件較差的物件；另外在情感層面，我在原工作室也有很多回憶，超過一百組創作者親自來到這個空間跟我合作拍片，這個地方也陪伴我從二十萬訂閱走到兩百萬訂閱……知道自己做錯這個決定，我不斷責怪自己。

這些壓力接踵而來，使得我每天都在倒數：
距離「阿滴日常」的日更結束還剩幾天？
我什麼時候才能結束這種生活？
我開始會無法控制地哭泣，
不知道為什麼要哭，只是覺得悲傷。

這段時間，我已經感受到自己有點不一樣，開始在噗浪上記錄只有自己看得到的「生理資料」。裡面有我每天睡醒跟睡著的時間，以百分比記錄我的壓力指數。大概從七、八月開始，我發現自己無法入睡，也無法維持睡眠，每天的睡眠時間大概都只剩下三到四個小時。

我當時居住的工作室旁邊就有一家身心科診所，第一次去看診時是九月十四日，也是病情正式爆發的前一週。我知道自己有很嚴重的睡眠障礙，每天凌晨四點才能睡覺，早上七點就自然醒，常常陷入憂鬱。我抱持著「我只是來解決睡眠問題的」這樣的預設立場，對醫生說：

「但是我不想吃抗憂鬱藥，你可不可以開給我更強的安眠藥就好？」醫生當時就建議我要吃抗憂鬱藥，但在我強烈拒絕下，他只好開給我安眠藥：「你自己得觀察狀況，再來回診。」

那一週吃更多藥以後，我確實能夠入睡了，但還是無法維持睡眠，幾個小時就會驚醒；醒著的時間也很痛苦，無法解決憂鬱的問題。

九月二十日那天，我按照行事曆的排程，到台南演講。那是我人生印象最深刻的演講，是一場由 Lexus 主辦給國小生的 YouTuber 工作坊，分享的內容是我 YouTuber 的職涯經驗，以及手把手帶小朋友們製作第一支影片，給未來想要踏上創作者之路的小朋友一些方向。說來諷刺，這樣的場合居然是壓倒我的最後一根稻草。整個過程我完全無法聚焦，明明是講過好幾十次的內容，我卻腦袋一片空白，在台上手一直發抖，不斷有強烈的恐懼感，最後只能草草結束演講。在跟小朋友們合照時，我發現我連一丁點微笑都擠不出來了。搭高鐵回台北的時候，站在月台邊，忽然出現一個強烈的念頭：我好想跳下去。

回到台北以後，在熟悉的工作室看到妹妹在等我，她拿了一組樂高，邀請我一起拼，拼著拼著，我就開始哭，即便我再努力想要專注、投入，但真的、真的拼不下去了。就像我碎裂的裡面，拼不回去了。

那個晚上妹妹陪著我，說好明天陪我看醫生。

當晚，我正好與 Adam 跟 Hailey（莫彩曦）有約，他們夫妻倆剛結束隔離，想一起來工作室找我。印象很深刻的是，我們很久沒見了，那時我下樓接他們上來，Adam 一見到我就把我扛在他肩膀上打招呼。他抱起我時，我身體懸空了一下，覺得好像壓在我身上的重量突然飛起來了，被放下來時，心情有稍微好一點。但再過一瞬間，那個承重的感覺又回來了，我意識到：

「憂鬱」是一個會讓身體負重的東西，
它是很有實體存在感的，
像物理上有重量，你甚至會沒辦法抬起頭。

我當時狀態糟到無法掩飾自己，就跟他們說自己的狀況，結果Adam也分享他憂鬱症的經驗，他已經吃憂鬱症的藥十幾年了，但我完全看不出來。

我們討論很多憂鬱症的狀態，發病時發生了什麼事，也有討論到自殺的想法。Adam可以理解我現在正在經歷的東西，他鼓勵我就醫。當下我就決定，明天就要去拿抗憂鬱的藥，我看見Adam可以正常生活，可以恢復得這麼好，有了希望。

隔天，Adam與妹妹陪我一起去同樣的診所，我開始吃抗憂鬱的藥了。

然而，我並沒有康復，漫長的苦行開始了。那段時間，每去看一次身心科都在加藥，最後，我一天要吃六顆藥來維持生存。鬧鐘的排程一整排都是提醒我吃藥的時間，抗憂鬱早上十點吃、鎮定劑晚上十點半吃、安眠藥得隔一個小時在十一點半吃，還有一個十二點要吃的……

因為心裡十分迫切，我也換了好幾個醫生。一開始在診所看，後來跑到台大醫院看，又換了一間網路上評價很好的，最後又回去台大醫院看。同時，我也嘗試著許多療法，為了讓我快點好起來，我更加焦慮。

我是一個有病的人了。

有「病識感」這件事真的很困難，一路上我一直撐著，催眠自己這只是壓力，撐過去就好，就像以前一樣。在二〇二〇年八、九月時，我不斷對自己說：「你沒有憂鬱症，你就只是一個懶惰的人，你只是一個表現很差的人，不要再自怨自艾。」透過不斷的批評來鞭策自己。我會更嚴苛要求自己更努力做事，直到我確認了自己是病人，念頭轉為把「我是一個病人」與「我是一個很糟糕的人」劃上等號。

我是一個有病的糟糕的人了。

我現在要吃藥來維生，我為什麼會這麼軟弱、沒用？我這樣下去，所有愛我的人都會離開我。我本來不是一個很堅強的人嗎？我經歷過這麼多事了，都走到這裡了……我，到底為什麼，把自己搞成這樣？

Part 3

病人

7

為什麼是我？

那時我最常想的問題是：

我，是不是一輩子都會這樣？

是不是一輩子都不會好？

為什麼是我？

事實上，在拿到憂鬱症藥物的第一天，我並沒有吃藥。

那天，剛好我與志祺去上百靈果的Podcast。撐著把工作告一段落後，志祺發覺我不太對勁，提議要跟我散步回家。我告訴他我去看了醫生、我的症狀、人格上的自我否定，以及經濟上的恐慌。他當時就跟我說，我一定可以走出來，而且如果我之後真的有經濟上的困難，他一定可以幫助我。這讓我當下很安心，並產生想要嫁給他的念頭（誤）。

現在回頭看，我當時擔心的都是一些用理智想就知道不可能會發生的事：我會一直生病下去、我會失去工作能力、我會失業破產、身邊的人也都會離我而去……但在我生病時，一切的想像都很黑暗且真實，我確信一切都會有災難化的發展。

那天晚上回到家，我忽然變得異常亢奮，當晚女友也在家等著我，我就不斷叨叨絮絮地跟她分享：「我好像變好了，我接下來一定沒問題！」講話語無倫次，一心想分享自己的事，因為情緒亢奮，傳了許多私訊給朋友，也一股腦地做了很多事。這種感覺好棒，我好久沒有感受到「開心」的情緒，我以為我還沒吃藥就自己克服了憂鬱症。

睡了一天起床，我馬上覺得自己有點不太對勁。憂鬱的情緒排山倒海而來，讓我幾乎無法呼吸，而前一天的亢奮消失得無影無蹤。我直接穿著睡衣出門，想去找醫生。當時我反穿著一件邋遢睡衣跟棉褲，頭髮像鳥巢一樣炸開，踏著夾腳拖走在人來人往的台北市，怎麼看都很奇怪。一見到醫生，我就分享自己昨天的狀態，誠實地說我沒吃藥。醫生看了我一下，跟我解釋什麼是「躁鬱症」，當時我對這件事完全不理解，不知道躁鬱症是憂鬱症的一種。我以為躁鬱症是會忽然生氣或有暴力傾向的精神疾病，經過醫生解釋後才知道是英文的「bipolar disorder」，也就是雙極性情感障礙，會有鬱期以及躁期之分。所謂的鬱期就是一般憂鬱症的病狀：提不起勁、情緒低落、反芻思考；躁期則是相反：過度亢奮、情緒激昂、跳躍性思考。

醫生說：「我們還無法確定你是否屬於躁鬱，還得觀察看看。首先，你應該吃我開給你的藥。」我沒有按照指令吃藥，也因為隔天就來門診，導致健保卡插不進去，後面還有一堆人排隊，醫生明顯地表現出不耐，暗示他沒辦法在我身上花這麼多時間……最後我問他一個關鍵的問題：

我要怎樣讓自己維持在躁期？

你知道嗎？病人為了想要好起來，是可以不擇手段的。

鬱期實在太痛苦，就像是我整顆頭被壓在水面下，掙扎著無法呼吸一樣。至少躁期時，我的頭沒有被壓在水裡，呼吸得到空氣，感覺自己是可以活下去的。醫生說：「你確定？躁鬱症的人測出來的智商是比一般人低的，躁鬱症無法控制，躁期無法被控制。」

後來，我的躁症狀確實無預警地出現，躁時我會一整晚興奮地沒睡，隔天再躁一整個白天，睡一覺之後再隔天回到鬱期。躁期不會有被困住的反覆思考，思想變得很正面，忽然能想到各種解決方案，不過都是過度樂觀，也缺乏基本判斷能力的想像；會很想講話、不斷發文，我還會把握這種「期間限定」的好心情，處理之前累積、卻無法去做的工作，或是做出很多重大的決定，比如我曾經在躁期花了一百萬投資美股，這種衝動消費也是生病的一部分。

那天，我穿著睡衣走回工作室。抵達後，吞了一包昨天拿到的藥。

晚上，我在網路上看了一晚的資訊，自認躁鬱症比憂鬱症更難治療，就陷入了絕望狀態。女友陪了我一整晚，跟我說不用擔心，就算是躁鬱症也還是可以治療的，一直到我吃安眠藥上床睡覺。我半夜睡醒，卻聽到她在房間外無助的哭聲。隔天，我爸媽來找我，我告訴他們，我得躁鬱症了，我正在吃藥，在他們面前像小孩一樣哭泣，抱著他們、親吻他們的臉頰，想要得到一些安全感跟依靠。爸爸一開始笑笑的說：「沒事的，全家一起面對。」媽媽也說：「我們絕對是你的依靠。」但到後來，他們說著說著，也講到哭了。

「你也是我們人生的依靠呀……」

我想，他們一定很害怕。於是，我又冷靜地回到兒子的身分，抱著他們說：「不會有事的。」

不，我有事。我支撐不下去了，
但我身邊的人好像也不知道該怎麼面對生病的我。

我陸續告訴身邊的好友我病了，大謙、Peeta、劉沛、志祺、Joeman、Adam 都會輪流來陪我。大謙問我有沒有自殺想法，我誠實回答，他就叫我開一個叫「自殺守望者」的直播，讓大家盯著我。Peeta 每週都會邀我去他們的健身房健身，練完還會請我吃他們家的健身餐。劉沛常常跟我講很久的電話鼓勵我，也會跟我一起去 Peeta 那邊健身蹭飯吃。志祺就住在我家附近，只要我需要都會立刻來找我。Joeman 則是會大老遠從新莊跑來，除了聊天之外還給我很多影片企畫的想法，讓我知道我的頻道還有很多可以做的主題。Adam 持續的陪我看醫生、跑醫院。我知道所有人都愛我，但我無法好起來，因為當時我根本不愛我自己。

我的工作幾乎全面停擺，因為失去了做事的能力。原來憂鬱症不只會讓你憂鬱，也會讓你失去記憶力、思考能力、語言組織能力……到了病情最嚴重的時候，我連一句話都說不好。

漸漸地，我最重要的行程，只剩下吃藥。

我是一個很習慣與「病」一起生活的人，因為從小就有皮膚病，那種皮膚表面發炎的痛苦，我已經習以為常。像是感冒時喉嚨發炎的脹痛感，感覺皮膚多了一層膜，一碰就會很敏感，不舒服。不過這些癢、紅腫有時候擦個藥，就能稍微紓緩了，但憂鬱症是整個身體感覺被壓著、因為承擔重量而無法抬頭、無法微笑的感覺，腦子則是感受開始扭曲，每分每秒都處於難過、憂鬱、痛苦、悲傷的情緒；生理上則會頭痛、腦子很燒、不自主地發抖跟流汗。

我只是想好好睡著而已，但即便吃了兩顆安眠藥，半夜仍然會醒來。我覺得要「結束一天」的時間變得漫長。每天早上七點起床，我會在工作室不斷地繞圈圈走路，去飲水機喝個水，再繼續繞圈圈走，重複這樣的動作，大約兩三個小時。

我沒有能力出門，不碰手機也不碰社群，腦子裡不斷在讓自己陷入更深的深淵。有時候中午經紀人來找我，拿東西給我吃，我會像抓到一個浮木，一直抓著他反覆陳述我早上想的事情。他終於走了後，又只剩我自己，我會一直看憂鬱症相關的文章、怎麼治療、怎麼變好、一些病友分享……有時我看到一半才想起來，這個我前天不是看過了嗎？

那段時間，我最常想的問題是：我，是不是一輩子都會這樣？一輩子都不會好？

為什麼是我？

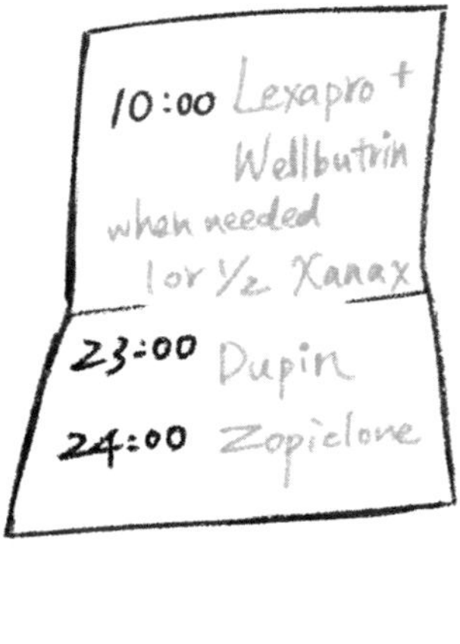

8

我仍然是個小孩

爸爸對我說「明天見」，然後勉強擠出了笑容。
我回到工作室，忍不住抱頭痛哭。
爸爸仍然在送我回家，我仍然是個小孩。

《鬼滅之刃》裡有一幕，禰豆子抱著炭治郎說：「為什麼遭受痛苦的總是哥哥呢？為什麼拚命活著的善良的人，總是遭到無情踐踏呢？」

病時的情緒，幾乎第一時間都是壓在妹妹與女友身上，我已經數不清她們花了多久時間陪著我、安撫我的情緒。記得國小班上有人欺負妹妹，我會兇巴巴的找他算帳；妹妹在創業路上遇到困難，我也會幫忙給建議。以前都是我罩妹妹，所以妹妹第一次看到我這樣的狀態，也很手足無措。十月狀態又更往下墜，妹妹適逢飲料店「再睡5分鐘」第一次展店到台中開幕，忙碌之餘，仍然第一時間接起我的電話，一有不對勁就衝來找我、陪我，煮東西給我吃。

女友相對來說，至少表面上比較不會受到我的狀態影響，不論我是在重複嘮叨還是嚎啕大哭，她都能在我面前保持冷靜與理性。她還會幫我找她的醫生、藥師朋友跟我通電話，講解一些我正在服用的藥是否會有副作用，以及我在各種狀況可以怎麼調適心情。可能因為過去她也有陪伴憂鬱友人的經驗，所以就算是面對我天天吐出的憂鬱黑洞，她也會跟我說「我沒問題，不要擔心我。」我所不知道的是，在十一月她就已經因為長時間承擔我的憂鬱，而需要去看心理諮商了。

十一月正好也是全球瘋《鬼滅》的時期，那時被菜喳半拉半哄地帶出門，參加了《鬼滅之刃劇場版無限列車篇》的首映會。很多創作者都有去，我躲著大家不想跟任何人講話。還記得在無限列車上，炭治郎陷入「下弦之壹」的無意識領域，回到家人都還沒被殺害、平安幸福的日子裡，當他意識到這是夢境，現實的外部世界還有需要他前往的地方，便忍痛離開夢境裡的家人，一次次在夢裡自殺以返回現實。每次利刃刀割，憑著武士般的決絕意志，反覆感受那種不得不的痛楚。

我在電影結束後跟菜喳說，以後還是不要帶我來看這種太刺激的內容比較好。但也同時覺得自己的心境跟炭治郎有點像：那種因為自己的不足所產生的、對家人深刻的歉意。

那陣子，我也因為生病的關係不時有尋死念頭，而感到很對不起家人。從小看爸媽因為訂單過著奔波忙碌的生活，爸爸親力親為去扛布、時不時就要處理成衣廠的問題，因為工作身體不太好，有次還心肌梗塞住院。長大以後，我一直期許自己賺很多錢，給爸媽、妹妹買房子，等到這兩棟房的貸款都繳完，我再幫自己買個房子，就可以退休了。

後來發現，這個心態也是一根壓垮我的稻草。我不但把自己放在最後順位，也會不斷譴責自己做不到這些事。在生病後，這些目標更成為了天方夜譚，讓家人跟著我難受。我深信，我是個一無是處的兒子。

對於父母，我一直是報喜不報憂。他們知道我生病以後，從驚嚇到慢慢接受，做了很多資料研究。我爸時常建議我：「你很想放棄的時候，要想想我們兩個，要找到力量。」但，那時候的我，只覺得負擔。

我已經沒有辦法想你們了，
我自己都無法承擔自己了。

印象很深刻的是有一次，我們全家人都坐在客廳裡，他們三個坐在我面前不斷鼓勵我、想排解我的憂鬱，告訴我：「你很棒。」我坐在他們對面滑手機，一邊聽他們鼓勵我，一邊Google「自殺的方式」。

我其實也不是想要死，誰想要死呢？而且任何人只要研究過後都會發現，其實人是很難死的，真正要致死都會要經歷很痛苦的一段過程。

我不想死，我只是想要結束我的痛苦。

以前在新加坡念書時，爸爸會為了給我們驚喜，不先預告就排出時間飛來新加坡，出現在校門口，然後騎著腳踏車載我回去。雖然爸媽每次來都不能待太久，但在新加坡的我們都會很期待下一次的見面。即便是在新加坡，只要爸爸在身邊，我也有回家的感覺。

生病期間，有次爸爸開車載我回工作室，一路上我沒有講什麼話，爸爸依然鼓勵著我，下車後，爸爸對我說「明天見」，然後勉強擠出了一個僵硬的笑容，看到那個笑容，我回到工作室，忍不住抱頭痛哭。

從十歲到三十歲，爸爸仍然在送我回家，我仍然是他的小孩，我仍然是個小孩。

9

看不見盡頭的痛苦

家人朋友都在我身邊，我是被愛的，
可是我就是不愛我自己。
我相信這個世界上，至少有90％的人都討厭我，
我也在那90％裡面。

回頭看我那段時間的行事曆，是這幾年來唯一的空白，那段日子像是完整消失一樣，就像一個人無法被見證的痛苦，消失了一樣。

我從來沒有過自殘行為，自殘是透過自傷行為讓身邊的人注意到你，或是透過這個痛感去感受自己還活著的事實。

但，當時的我需要的並不是這個。我並非需要這份痛楚被「看見」，而是需要「結束」我現在的痛苦。從九月二十日坐高鐵回來，產生了跳下去念頭後，幾乎天天都會有輕生的反芻思考，實際上也有建構過場景與流程。在我生病的期間，有其中兩次，接近執行。

十月十四日，我在半夜兩三點傳了一長串訊息給妹妹，對她說：「謝謝你，我很愛你，感謝你這二十八年來的陪伴。」原本也打了一長串訊息給女友跟爸媽，但是沒勇氣送出。最終，我在頂樓沒有放開我的手，就回到房間睡覺了。妹妹大概是清晨醒來看到訊息後就馬上跑過來，天知道在這一路上她都在想像著什麼、害怕著什麼。我只知道我隔天醒來時，就發現妹妹握著手機睡在我旁邊。

十月二十日，妹妹生日的前一週，她正忙著籌備新分店的開幕，我卻在門上掛了一條圍巾，想用這樣的方式結束，但我仍然沒有。

殺死自己，是一件非常困難的事。即便我的意念很強烈，但實際要執行真的很困難。以前聽人家說：「自殺的人並非沒有勇氣，而是對他們來說，活下去更需要勇氣。」一直到現在，我才明白那是什麼意思。自殺需要忍受巨大的疼痛，一個人如果選擇這條路，意味著他正承受著比這更劇烈的痛苦。自殺的人會思考兩個指標，一個是你多確定你會死，第二個是，你要承受多少痛苦。

美國自殺率第一的死因是開槍，因為這是最快、承受的痛苦少、又會直接死亡的方式。那時，我甚至搜尋過在台灣該如何買到槍，整個研究過程都是以「解決方案」來看待傷害自己這件事。因為最可怕的是自殺未遂，那會給身邊的人帶來多少麻煩啊。

不過，我一邊研究這些資料，同時也一邊看大量的憂鬱症書籍，看其他病患是怎麼好起來的，希望能夠找到自己的一線生機。當時的我就是這麼病態，有時竭盡所有力氣想結束痛苦，有時又希望自己能好起來。

正常人不能用自己的思維去理解病人，對當時的我來說，「失去」已經不是一種「擔心」，而是一種「確信」，我相信我一定會失去家人、伴侶、工作、健康和活下去的能力。在我的反芻思考裡，最常想的就是「我該怎麼面對這些失去」，長期在輿論下的被評價讓我自我價值低落，生病讓我害怕所有我愛的人都會離開我。

憂鬱症綁架了我的大腦，每天腦中都會出現荒謬的腳本。

生病以前，我是一個思路清晰、邏輯縝密的人；生病之後，好像大腦被綁架了，我失去了辨別是非的能力，只是死心塌地地認為自己預見的荒謬腳本會漸漸實現。想法在腦子裡高速運轉，我踱步、走來走去，無法控制自己停下來，想到整顆頭發燙、流汗。

除了在家裡走，我在外移動的代步工具也全是走路。

走路是我當時最有成就感的事，我到哪裡都用走的，不搭捷運跟公車，因為走路是唯一一個我可以控制、沒有忘記怎麼做的事。我可以控制要走多快、走去哪裡，只要走到目的地，我就完成了一件事。走路，確保我能完成一件事。

我在病時曾經問女友：「我是不是一個很噁心的人？」因為我覺得自

己很噁心、懦弱、邪惡、自私又軟弱、沒有能力、全身都是病、做出很多錯誤判斷。我之所以用很高的標準來看待自己，出自於過去評論我的人都是這麼看待我。

他們說我只為自己在乎的社會議題發聲，關注不夠全面，濫用影響力；他們說我貪婪，只想賺錢、失去初衷，沒有把賺到的錢捐出去，因此我是一個很噁心的人；他們舉出一些我沒做過的事、非我本意的想法，指稱我很爛，直到我也這麼覺得。他們討厭我的原因，都成了我討厭自己的原因。

我無法日更影片，我是一個無能的人，
我的影片沒有達到該有的觀看數，我是一個失敗的人。

是啊，當時家人朋友都在我身邊，我是被愛的，可是我就是不愛我自己。我相信這個世界上，至少有90%的人都討厭我，我也在那90%裡面。

因此，傷害自己的想法加劇了。是我錯失機會，把自己搞成這樣，失去健康、金錢，我只要看著鏡子裡的自己，就無地自容，我痛恨這個人，因此不斷用言語跟想法攻擊他。

我以這個姿態，經歷了好漫長的時間。

Part 4
治療

10 浮上水面呼吸

兩小時前，我可能在思考輕生的方法；
兩小時後，我在自己的臉書留下「只限本人」的貼文：
「我要活下來，我不想死。」

我的病況有時躁、有時鬱，但我的躁期又沒有比一般患者長，通常只會持續一到兩天。回想起來，很有可能跟我小時候就有點過動有關。病症在每個人身上也會出現不同的反應，除了科普以外，理解自己的狀況在生病時也格外重要。我很清楚「躁」的狀況發生時，我的智商會變低，過度樂觀地覺得一切都可以解決。比如我曾在躁時思考，只要我把頻道賣掉，就可以解決現在所有經濟問題……但偏偏躁時又效率極好，因為「鬆一口氣」的感覺，可以卯起來做許多事。我那時候會忽然拚命地私訊別人，把累積著沒有動力但該去做的事一次做完，但是又會無法控制的做過頭，像是游泳時因用力過度游到腳抽筋，痛了一個禮拜。

現在回想，「躁」的狀態其實就像被盜帳號。等你隔天醒來，想說那個發文的人是誰啊？怎麼可以這麼樂觀、這麼蠢？

躁與鬱的轉換，對我來說，很像「浮上水面呼吸」與「頭再次被壓回水底」的切換，是一種心理上也是體感上的變動。

鬱期是最恆常的狀態。那段時間不只工作，我的興趣也全面停擺。以前我很喜歡整理桌遊，慢慢地把桌遊的配件整理好、放得很整齊，這讓我感覺很療癒。但生病時，有次我看著廠商送來的桌遊，看了好久好久，還是完全無法理解整理跟擺放的邏輯，我也同時發現我喪失了對桌遊的興趣。不過，因為已經答應廠商要幫他拍成影片，我後來硬著頭皮花了大概兩天，才搞懂這款桌遊的規則，以及該怎麼擺放所有的零件。

我漸漸變笨，理解力非常差，所有行動也隨著思緒變得緩慢。只有在思考負面的事情時，大腦才會高速運轉，出現一種腦子在燃燒的感覺。那很像是電腦當機、關不掉霸占RAM的應用程式，「反芻思考」這個程式占據了腦容量的九成，我只能用一成低速運轉，去做我想做其他的事。只是說在那個狀態下，想做的事也是寥寥無幾，頂多只剩下生存必須的吃飯、洗澡、睡覺了。

但在這個低轉速的狀態，我還是嘗試持續工作，只是越嘗試越碰壁。我想，至少要好好寫出一個腳本吧，像過去一樣，先做功課、搜尋網路的資料、看很多影片、把內容轉譯成自己的。但打開文件、盯著螢幕看很久，腳本上永遠是只有「哈囉我是阿滴」，然後那個文件就會在那邊靜止三個小時，就那六個字，一動也不動。為了拍攝，我還會排練。

那年九月底，我本來約了要跟「欸你這週要幹嘛」拍片，拍攝前一週，我盡所有力氣去排練開頭一定會講的「我們歡迎欸你這週要幹嘛的Ariel」，試了很多次，不斷重複地講，都只能擠出死氣沉沉的語調。結果因為真的沒辦法做到正常的參與拍攝，我怕浪費對方的時間，就取消了這個合作。

但沒想到，躁期可以讓我看似正常地拍影片，我可以不費力地讓自己處在興奮狀態，思考速度跟語速也都會變快。於是，我就會趁這一天的時間趕緊去拍片，讓自己成為一個更有產值的人。因為有在工作的我、有在產出的我，才是有價值的我。還記得第一次跟 Dodomen 見面、拍攝，就是我在躁期。拍攝的前一天我還在擔心隔天已經約好的拍攝，我要怎麼全英文跟他們對話？結果沒想到當天晚上就徹夜無眠的進入躁期，順利的把影片拍完了。

不過躁期拍攝也是有它的風險，雖然思考速度變快，但還是偏笨，缺乏專注力與判斷力。有次躁期我拍了一支測試學測英文考卷的影片，因為注意力不集中，很簡單的題目我居然錯了兩題。當下，我感到非常的丟臉、無地自容。但因為現場還有其他來賓，我只能忍著到回家的計程車上才放聲痛哭。

真的不想再這樣病態地繼續拍片下去了。但是我太想讓自己重新成為有用的人，所以後續還是會利用近乎病態的躁期拍片法，想要恢復工作狀態。不過因為無法自如地控制躁期來的時間，也有必須在鬱期完成拍攝的影片。相對於躁期可以輕鬆地拍攝，在鬱期拍攝，要強烈地ㄍㄧㄥ出看似正常的自己，是一件很痛苦的事。主要都是靠剪輯，把中間崩潰的樣子從成品中剔除，每支影片的拍攝時間都會拉長至少三到四倍。

還記得有一次聖結石邀請我去昆凌的首映，活動中有見到周杰倫的機會。那時我還期待著，說不定活動當天剛剛好會是躁期……可惜沒有發生。我憂鬱地押著自己去參加活動，還將其拍攝成影片。現在想起來，真的很可惜，見到了小時候的偶像，但是完全打不起精神，就算周杰倫就在我面前，我也無法多跟他說一句話，合照完就離開了。

當時我之所以持續工作，還有一個很重要的理由——我必須繼續賺錢。

如果頻道全面停更，公司一定會虧損，這件事讓我壓力很大，抱持著「那就吃顆鎮定劑，拍完一支是一支」的想法完成工作。但老實說，如果那時候什麼都不做會比較好嗎？我覺得也不會，因為我不喜歡自己沒用的感覺。每一次勉強自己去做完一個工作後，結束了我都會有一段期間的放鬆感，心裡想的是：「至少我剛剛賺到了兩萬塊錢。」在那一小段時間，我會認為我是值得休息一下的。當時經紀人幫我排工作也要經過很多拿捏，有些拍照只要笑一下、ㄍㄧㄥ一下就過去了，難度太高的工作反而會讓我崩潰，很像是一種賭博。我也曾經拍完一個品牌合作的全英文影片後，就一直哭。即便他們都說我做得好，我仍然認為自己表現不好，這不是及格的工作表現。

十一月七日，我要直播賣我的英文刊物《DEAR》的最後一刊。直播沒有剪輯空間、要一鏡到底，比拍影片更困難。為了晚上的拍攝，我焦慮了一整天，雖然全家都在鼓勵我，但我請他們離我遠一點，因為看到他們替我加油的表情反而讓我壓力很大，上直播的前十分鐘還出現恐慌……

做完以後，公司就要縮編了。雜誌的工作最後做到十二月，隔年一月就得正式解散這個團隊。當時公司已經面臨虧損，但我還是每人都支付了遣散費外加年終。我覺得很丟臉，雜誌團隊裡很多人都是跟了我三、四年的夥伴，我很擔心那時的疫情狀況——萬一他們找不到工作怎麼辦？在這時候讓他們沒工作，我覺得自己很失敗，自我譴責又更強烈。

那時候面臨公司的虧損，我甚至有一個荒謬的想法：要不然，我的YouTube頻道也收掉，整個公司都收掉，我就去開Uber賺錢。我如果連英文能力、拍影片能力都喪失，就沒其他的專業了，想一想自己也許還有能力去開車賺錢吧？那時候，我經紀公司PressPlay的老闆、也是我的好友Rob，叫我不要胡思亂想，就算是在我生病的狀態，他都願意用高薪聘用我，他甚至說可以立刻跟我簽任用合約，要我不用想錢的問題。於是我產生了想要嫁給他的念頭（誤）。

因為思考能力降低，我能想到的也就只有這麼多。當時我就像不斷擺盪、高高低低的鞦韆，兩小時前我可能還在思考輕生的方法，兩小時後，我在自己的臉書留下「只限本人」的貼文：

我要活下來，我不想死。

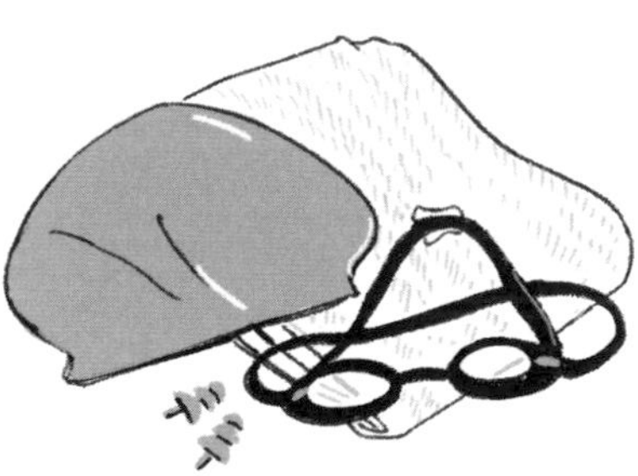

11

我其實不想死

我最想要的，其實是「解決」現在的痛苦。
這件事可以透過其他方式達成，
自殺不是唯一的方法。

在我開始吃藥後的一個月內，藥量急遽增加，鎮定劑、安眠藥、多巴胺、抗精神病藥……憂鬱症需要吃的SSRI（血清素再吸收抑製劑）從5毫克、10毫克、到20毫克。起初，我對藥效來得慢很沒耐心。憂鬱症的藥不像感冒藥、安眠藥，吃了馬上就會有效果，醫生說都要一個月之後才能慢慢有藥效。

藥量增加的同時，也增加我對自己康復的絕望。妹妹看著我的失志，默默決定要帶我去心理諮商。

起初，我並不知道要前往的是諮商地點。因為我非常排斥，諮商很花錢，一個小時就要兩三千，這對我來說也是壓力，已經覺得自己會窮死了，我才不想花錢。

妹妹騙我說要去整骨按摩，結果直接把我帶到諮商師那裡。第一次進診所，先完成登記手續，櫃檯人員端水走上來，空間很舒適愜意，但我仍然焦慮不已，妹妹安慰我：「你就當聊聊天。」我是要跟一個陌生人聊什麼？但那時候超忙的妹妹百忙中來陪我看諮商，我不能再造成她的困擾。輪到我時，我走進一個小房間，諮商師 Alex 就坐在那裡等我，我在一張舒服的沙發上坐下，但整個人蜷曲成一團，很像房間裡的角落生物。Alex 開始問我一些情緒上的問題，問我近期的狀況、在擔心與煩惱什麼。

那是我第一次與人認真提起並描述，我有輕生的念頭。

這麼說有點自私，但諮商師不是我的朋友或家人，我可以放心地把自己所想的傾倒給他，不用太顧慮他的感受。他聽了我好幾次反覆的抱怨，事情從頭一講再講，有時情緒會非常失控，止不住哭泣，諮商真的是一個很情緒勞動的辛苦工作。

在一次次的諮商裡，我才釐清——我其實不想死，我想要的是解決問題、消除我的痛苦。

Alex與我一起探討輕生的想法，態度冷靜、平常，就像在討論「等下早餐要吃什麼？」他讓我發現：

我最想要的，其實是「解決」現在的痛苦。

這件事可以透過其他方式達成，自殺不是唯一的方法。

當我們很實際地討論死亡，死亡忽然變得很平等，不像身邊的人如果聽到我的自殺念頭，就會非常擔心害怕，叫我不要這麼想。

如果可以好起來，我當然不想死。誰想死？

諮商過程中，我獲得很多思考機會，像是「反芻思考」（rumination，不斷地思考已發生的事，通常指負面意涵）的完整概念，也是他跟我說明的。做完這次諮商後，Alex 說，如果覺得有幫助再跟他約，我當下沒有決定。諮商確實讓我有個出口，那一個小時也過得很快，但是……真的好貴。後來是妹妹霸氣地說，她會幫我付所有諮商費用，我才認真思考是不是可以再去一次。

之後，我大約一週去一次諮商，但有些時候，我沒有赴約。雖然 Alex 與我約定好了日期，但我很常到了那個時間點，發現自己真的沒辦法出門，無法做任何事，滿腦子只想著：一切都沒有意義。我爛在床上、在角落、在地板上，直到錯過了原本的諮商時間。但是 Alex 不會給我壓力，會跟我改約時間，約定要再見一次面。

「人害怕的其實不是受苦，而是受苦的無意義。」這是尼采說過的話。當人在黑洞裡，四處摸不著邊際，看不到盡頭，更遑論明白受苦的意義。該怎麼走出黑洞？

我想起了《進擊的巨人》裡艾蓮抱著尤彌爾說：「你不是奴隸，你不是神，你只是一個普通人。」

「你是自由的。」

我不想當奴隸、不想當神，我只想當個自由的普通人。

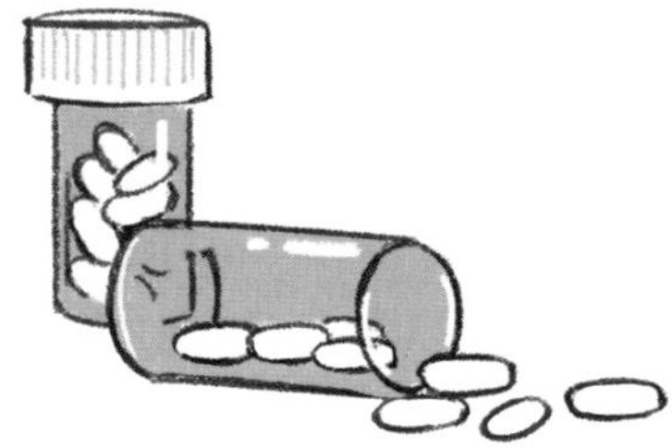

12

下一顆托球

我是一個平凡人，我會哭，會笑，會生氣
會對人生感到手足無措。
但於此同時，我仍然想得到下一顆托球。

生病期間，我對父母的情緒很複雜，當時我常在臉書設定「只限本人」的貼文，記錄下我當時的感受。一則於二〇二〇年十一月二日發布的貼文寫下：

「爸爸媽媽對不起，兒子對不起你們。我原本想要賺多一點錢，讓辛苦了一輩子的爸爸可以早點退休休息，跟媽媽過上好日子，不過我錯估了大環境跟自己的能力。我一直知道這個行業做不久，只是一直努力地硬撐著繼續走下去，一路上累積了好多傷口跟壓力，想著再做一下子就可以了吧，攀到了一個高度卻沒有遠見，公司沒有好好地做規畫，龐大的財務壓力、工作壓力和公眾人物壓力，超過了臨界點，讓我逐漸落到了憂鬱症當中，發現的時候，壓力已經把我精神的核心都破壞了。我現在覺得，一輩子的力氣都已經被花光了，而我已經成為了一個負擔，面對著你們，我只有滿滿的愧疚，對不起，對不起，是我的錯。」

我持續思考跟身邊的人的關係，想到我是這種狀態，總有一天會拖垮他們……我不想要拖累身邊的人，因此出現「我是一個不合格的兒子、不合格的哥哥、不合格的伴侶」這種想法。

如果我一輩子都是這樣子，到底我還有什麼價值啊？我一想到我沒辦法好好工作，要養這麼多人，經濟壓力就浮現了，這些事我都無法達成——我愧對我的家人。

自責的同時，我也認為，我已經很想要努力，但對於生病這件事真的是力不從心。當時爸媽很常來關心我，想看看我怎麼樣。我媽時不時就會傳「我愛你」的訊息，一天之內會傳好幾次。當下，這個表達對我來說反而有了壓力。我記得有一次我媽忽然傳來「你還好嗎？我很愛你喔」之類的，沒頭沒尾的。當下，我不知道為什麼非常憤怒，很大力地敲桌子、失控地大吼大叫，對她、對自己，都很生氣。

我氣自己，為什麼一直處於這種需要人關心的狀態。我也知道，她沒有別的話可以講了，她能做的，也就這麼多了。我後來跟媽媽溝通，不要傳這句話，如果真的想傳，用一個愛心的表情符號代替就好。

很多人會跟我說：「生病不是你的錯，生病不是你願意的。」但我認為，就是因為自己錯誤的決定，才會導向這個結果。我一直都會覺得，生病就是我的錯，甚至是到現在我比較好了，仍然如此認為。有些人說不要這麼思考，可能是為了讓患者比較好過一點，但我就是無法說服自己，生病這件事，我是無辜的。原諒自己跟自省之間很難拿捏，我是非常嚴謹對待自己的人，因此很難過這一關。

「滿腔的怒火，不知何處發洩，我怎麼會變成這樣子？我是誰？我都不認識我自己了，我已經不是過去的我了，我想回到過去，只有在假裝自己還是過去的自己時，能夠得到暫時的安慰，無法接受生病的自己。」

弔詭的是，像這種憤世文前後附近，我也會發布這種貼文給自己看：「重點不是你過去是怎麼樣的一個人，是你未來想要成為怎麼樣的人。」「不卡在過去的風景，接受現在的自己。」

我一面給自己喝雞湯，一面給自己灌毒藥。

我的情緒起起伏伏，有時會有強烈的憤怒，對這個世界很生氣，有點……想要報復這個世界的想法。我只要想到，我抱持善意做了很多事，得到的回應是不友善的，甚至害我生病，就一面對自己生氣，一面也覺得世界虧待了我。長大之後要不憤世嫉俗，原來是一件需要努力的事啊。

在工作上，我很習慣幫忙別人，只要別人開口，要借錢、要幫忙、要做個影片宣傳，實際上我有能力的我都會做。我也對那些只自顧自地伸手要求我的人感到生氣，但這個氣最終都是回到自己：活該，誰叫你是爛好人、不會拒絕別人，誰叫你要借錢給別人，是你自己決定要扛起來。回想起來，整個過程裡，我完全沒有心疼過自己，只對自己有滿滿的憤怒，偶爾這個憤怒爆掉的時候，也會牽連到家人。

我與爸媽去妹妹台中飲料店開幕式的當天，妹妹身體出了狀況，因胃潰瘍被送去急診。那幾天是我輕生念頭的高峰期，面對妹妹的事，我整個人瞬間爆掉，站在街道旁邊哭、焦慮地走來走去，有粉絲認出我要求合照，我還得跟他們合照。

當下，我媽傳簡訊給妹妹說「我愛你喔」，我不小心瞄到就對媽媽暴怒：「我就跟你說不要傳這種話，會讓人很有壓力！」好像把我之前的不悅在這裡全還給她。我理智斷線，在街上大吼大叫，激動到一直揮舞雙手，我爸媽都嚇到了，安撫著我。我自認是一個脾氣好的人，從來沒有在我爸媽面前暴怒過，但那一瞬間，我無法控制自己的脾氣，像是把長年以來的壓抑都釋放出來。

坐高鐵回程的路上，我傳訊息給他們：「對不起剛剛情緒失控了，我是很愛你們的，我覺得我現在在情緒上有一些障礙，其實我剛剛想溝通的意思是……」

夜深人靜，回想起一整天的不順遂時，我會對比以前的生活多好多幸福。我蜷曲在地板上吶喊，喊到我兩側肋骨一帶抽筋——好痛，但是我體內一團燒灼的東西沒有出口，我只能喊出來。

《排球少年!!》第四季第十五集，烏野高中的二年級王牌田中龍之介在春高對戰稻荷崎的雙胞胎時，一面被宮侑的發球壓制，一面無法突破對方的攔網，低落之時他受到日向的鼓勵慢慢振作，影山在托球前給了龍之介一個眼神。此時，畫面上是龍之介假想爬著一條長長無止盡的樓梯，不斷地躍步往上，又有時疲累地拖著腳步，甚至停了下來。龍之介在內心獨白：「每半年大概有一次，情緒低下到無限接近負面狀態時，我都會這麼想：自己果然很平凡。」前方是廣大的阻礙、走不完的路，深重的壓迫感從前方襲來。

「但是，平凡的我啊，你還有閒工夫垂頭喪氣嗎？」我專注地看著龍之介的腳步。龍之介在賽場上用盡生命的力氣大聲喊出：「左翼！」向影山要到了一顆得分球。

我是一個平凡人，我會哭，會笑，會生氣，會對人生感到手足無措。
但與此同時，我仍然想得到下一顆托球。

13

我真的有救嗎？

我也不知道，我的病況是因為
吃藥、諮商、還是打 rTMS 開始好轉
——也許，是缺一不可也說不定。

在某次諮商尾聲，Alex分享給我一個叫「rTMS」的治療方法。先前我也聽說過，理科太太當時也陪著罹患憂鬱症的先生打rTMS。rTMS是使用一個磁力機器在頭部產生重複的磁波，透過微電流刺激讓與情緒有關的大腦區域血流量增加，以調控情緒迴路活性。我自己諮詢過一間在台北的診所，但是得在三週後才能安排第一次的rTMS——這太慢了，我到時候一定會死掉——抱持這樣的念頭，我請Alex介紹給我其他診所，決定去一間在北投、搭捷運要一小時才能抵達的醫院。

當時絕望的我，燃起一線希望。只要有可能變好，我都想試試看。

要去諮詢的當天，我如往常，起床先吃三顆藥。同日下午，我有一個工作要進行，所以我多吃了一顆鎮定劑，讓拍攝可以順利完成。晚上，女友陪我一起搭捷運去北投，但路途中我後悔了。據我了解，rTMS是要定期做的療程，但每次都要通勤一個小時才能到醫院？出門通勤對當時的我來說是相當困難的事，也不可能每次都有人陪我，我該怎麼堅持每次來醫院呢？我開始發抖、眼神恍惚、自言自語，任誰看了都是很不對勁的狀態。

女友一路扶著我走路，聽我講重複的話，我跟她說：「真希望現在有一個按鈕，按下去就可以結束一切。」我問過很多憂鬱症患者，他們也都會跟我一樣有這種幻想，比方說，希望可以住進一個冷凍艙，保存自己到很久以後，醒來，還是好好的那個自己。我是在這個狀態被攙扶著，慢慢地抵達了醫院。

填了很多表格後，醫生評估我的狀況，認為我可以接受 rTMS 治療。他對我解釋：大部分的人打完會有什麼感覺；一組要做十次，十次總共是三萬多塊，一次大概做十到二十分鐘。這筆錢我也覺得很貴，但在女友與家人的鼓勵之下，走入診間，告訴醫生，我決定進行治療。

第一次打 rTMS 是在二〇二〇年十月底。要去的前一天，我去參加

Peeta的影片拍攝，影片中仍能看見我因為藏不住情緒一直躁動的樣子，那幾天我正處於在躁與鬱間往返的期間。拍攝後，我因為不安，想著至少拍攝現場會有很多人陪，而不敢離開，一待就是好幾個小時。一直到傍晚，女友來找我，陪我前往北投。因為明天是一早的治療，我們前一晚住在北投附近的溫泉飯店。

隔天，到了要治療的預約時間，我爬上一個小山坡，那裡人煙稀少，環境很清幽。為我治療的朱醫師耐心向我解釋rTMS的運作機制，他後來也有點像我的心理諮商師，每次打rTMS之前，我們都會聊一個小時，當時貪小便宜的我覺得好像有點划算。

我坐在一張椅子上，一個儀器靠近我的頭部，我戴上一個很像泳帽的東西，朱醫師開始設定機器上的按鍵，告訴我接下來會打哪裡。第一次打時很緊張，體感上很像有一個人一直拿著橡皮筋在彈你，雖然戴了耳塞，還是能聽到一點「噠噠噠噠噠……」的聲音，儀器會發出一些電波、打到很深層的感覺，「腦子裡」可以感受到打進來的感覺，但是並不痛，有一點溫熱感。醫師說，每個人打完可能反應不同，像我打完後，覺得腦子涼涼的，他說這是比較不典型的案例，不過，有可能是好事，因為我長期處在反芻思考腦袋燒熱的狀態下，涼感有種冷靜下來、放鬆的感覺。

一次打完大概二十分鐘，我確實有感覺到心情比較穩定，但我也不知道，我的病況是因為吃藥、諮商、還是打 rTMS 開始好轉——也許，是缺一不可也說不定，每個人適合的方法不一樣，如果能力許可，我認為去嘗試各種方法、並找到自己適合的，是不錯的選項。

我連續做了兩週，天天來報到，把一組 rTMS 打完後，又買了一組繼續療程。我跟朱醫師其實很有話聊，他認為之前我參與的《紐時》募資是一件對的事，他很想要幫助我。後來，我有加他的 LINE，時不時會傳我寫的心情日記給他，他也很關心我。朱醫師跟我聊天，聽我的反芻思考，都會刻意挑選出一些可能正面的想法，放大那個想法，再跟我深聊，試圖壓低過度悲觀的思考。我真的很像是多了一個諮商師，很賺。

我去施打最後一次 rTMS 時，狀況其實不太好。那天剛好是十二月三十一日，年底我都在忙搬家的事，心理上也持續在懊悔買錯房子，同時也跟我的舊工作室告別，做好失去這個地方的心理準備，隨之又產生了負面的想法……本來約中午要去打 rTMS，我卻到了傍晚都無法出門。朱醫師跟我說：「我晚一點都還是在，你想晚點來也沒關係。」他希望我還是可以去打最後一次。後來拖到了晚上總算是出門了，好不容易抵達醫院，我們如往常聊天，朱醫生告訴我：「沒事的，會好的。」我發現，我那時候其實是害怕：

這是我最後一次打 rTMS。
已經打最後一次了，之後就只能靠自己了。

我是不是沒救了？

結束之後，我去參加女友跟她朋友的跨年聚會，我們一起打電動，剛好那群朋友很不會打，我一路狂電他們，很有成就感，心情好像有好一些。我的二〇二〇年，結束在遊戲裡當一個贏家，好像也不賴。

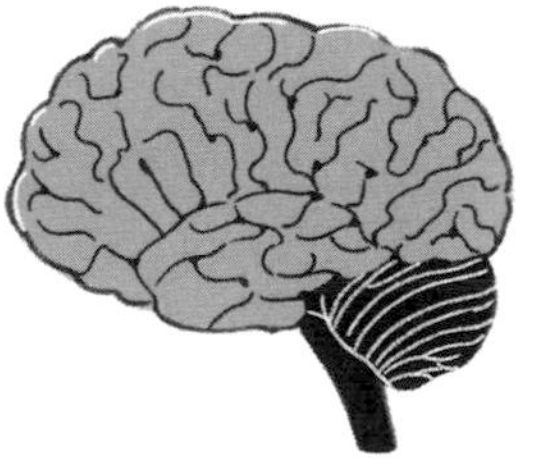

Part 5

復原

14

是可以好起來的

就算還是會零星夾雜著憂鬱與不安，
我還是可以說服自己「是可以好起來的」，
不只是身旁的人這樣對我說，
而是打從心裡真正開始這樣認為。

憂鬱症的大哉問一直都是：「到底會不會好起來？」

如果把這個問題拿去問一般人，可能很多人會覺得這是一輩子的疾病，無法真正治好；但我問了好幾個醫生，他們都說：「是可以好起來的。」

這可能跟對於「好起來」的定義有關：是要跟生病前一樣健康，還是找到跟憂鬱症共處的方式呢？對我來說，我自己經歷的是先有憂鬱傾向、接著生病，然後是接受治療並慢慢找到與憂鬱症共處的方式，相處相處著就習慣了，結果各種症狀也變得越來越輕微，到現在是康復到幾乎跟生病前一樣健康。所以如果你問我，我也會說：「是可以好起來的。」

雖然在生病過程中很難相信這件事，尤其當一陣一陣的焦慮、恐慌、憂鬱狂暴地襲來，整個世界都會變成黑白的。但是我覺得能從絕望走出來，開始有復原的希望是很重要的。一直很照顧我的主治林醫師在第二次看診時就跟我說了這個概念，並且提議我可以開始記錄我的情緒，更客觀、數據化的觀察自己是否有進步。我後來試用了幾個 App 後，就開始固定用「Daylio」記錄每一天的情緒。只要有情緒波動我就會記錄一筆，一整天下來會有大概六到八筆紀錄。

這個 App 從好到壞有分紅色（awful）、橘色（bad）、藍色（meh）、綠色（good）、青色（rad），我那時定的標準是「只要想死」就是記錄紅色、「覺得痛苦」是橘色、「憂鬱或焦慮」是藍色、「沒特別感覺」是綠色、「覺得有特別開心的事」則是青色。從二〇二〇年十月，我每天都使用這個 App 記錄，一直到二〇二一年五月，當我的紀錄幾乎只剩下綠色跟青色時，我才停止。回頭看這些紀錄，大則可以看到一整個月我的情緒波動，細則可以比較這個禮拜跟上個禮拜有沒有進步，或單日是因為什麼事而引發我情緒的正面或負面反應。可能因為我的腦已經習慣被 YouTube 的數據綁架了吧，天天看著這些數據，反而讓我有了一些安全感。

十月到十二月，我的紀錄上有著很多紅色的部分，這其中也包含了很多讓我印象深刻的事。

其中一個紅點，記錄的是我找了 Joeman、魚乾、菜喳一起吃飯。那明明是一個明亮舒適的環境，也被朋友圍繞著，但是我吃到一半就被忽然的恐慌打中，只能跑到外面的廁所，縮在馬桶上哭了好一陣子才能回到位子上。

還有一筆紅色的紀錄，是我在練習了好久後，終於打起精神要拍一支影片，但是在架設好相機後，我發現自己連跟著腳本唸也一句話都唸不好，講了三四個字就會忘記後面要講什麼。我也不知道怎麼辦，只能憤怒的捶打自己，直到妹妹把我的手握住，拜託我不要再打了。

另外有一天，滿滿的八則紀錄全部都是紅色。那天我記得特別的糟，醫生又為我加重劑量，我卻沒有感到任何的藥效，只感受到自己越來越破碎的心智。到了晚上，我癱在床上哭著跟妹妹說，我好痛苦，我好想放棄。妹妹也只能哭著回我，她什麼都願意為我做，只求我不放棄自己。

還有無數多的紅點，
每一個都是記載著在這個疾病的折磨之下，
我經歷的痛苦，以及看著我痛苦而難受的家人朋友。

時間快轉到隔年的一月，我開始有越來越多藍色、綠色的紀錄了：因為出去玩而感到開心、因為接到了一個案子而感到幸運、因為吃到好吃的一餐而感到滿足……透過這些紀錄，我看到自己慢慢找回開心的能力，就算還是會零星夾雜著憂鬱與不安，我還是可以說服自己「是可以好起來的」，不只是身旁的人這樣對我說，而是打從心裡真正開始這樣認為。

二〇二一年二月，我跟著魚乾領團的一群朋友一起去宜蘭，那是我覺得開始好起來的時間點。我久違地在宜蘭感覺到「放鬆」，狀態好到居然有了主動拍影片的想法。眼前的大家都好開心，幸福地共享桶仔雞。

我想記錄這一刻：青色。

15

重新學習走路

如果我要活下來，我要解決什麼問題？生病後重新經營一份生活，就像是重新學習走路，調整成自己舒服的姿勢，一步一步站穩。

二〇二一年一月至二月期間，女友建議我做一個「壓力來源處理進度表」，用 Excel 將所有我要解決的問題記錄下來，想要透過這個行動去客觀理解我的問題。這個表格列下的欄位分別是：壓力項目、重要程度、解決先後順序、解決手法難度、解決方法。

當時留下的壓力項目有：「憂鬱症使日子過得煎熬，不斷感受到漫長壓抑悲傷跟無動力，工作能力下降」「每個月的支出經濟壓力：薪資、稅、房貸」「作為公眾人物出什麼錯都會被放大檢視，社會責任壓力」「各種投資的事業的收益都不太理想甚至虧錢」「不做 YouTuber 的話，未來職業要做什麼」等。

列下這些主觀感受後，我開始做一些客觀的梳理，在「解決方式」欄填下可能的處理方法，讓自己覺得沒有這麼可怕。

我還記得二〇二一年的農曆過年時，我花了很長的時間在思考：如果我要活下來，我要解決什麼問題？開始一一把問題與方法記錄下來後，對我的好轉有很大的幫助。三月時，我的外婆走了，我意外地沒有太深陷在情緒裡；如果是之前的我，想必會滿糟的。能夠控制自己的情緒讓我感覺到了進步，慢慢長出了力量。

我也決定回到補習班上課，從備課開始重新練習教學這件事。一開始講話還是會有點卡卡的，但實體教課時，得到了立即的迴響。學生們的反應很熱烈，一起玩遊戲的過程也很開心與單純。由於病況，我感覺自己的英文能力下降，這件事也重建了我在英文能力上的自信。我認為找到「用低成本方式能得到好的回饋」的事物是重要的，當時下課，我還會去附近妹妹的飲料店發傳單，路人給我的即時反應與好感，也讓我建立起小小的成就感。

我的藥量在十到十一月是快速增加的，十一月躁的症狀更明顯，最高劑量時我每天吃的藥是一顆血清素、一顆多巴胺、一顆抗精神病藥，同時吃兩種不同的鎮定劑跟一顆安眠藥。接著到一月之後，醫生看我的狀態有好轉，就讓我慢慢地開始減藥，到了五月，我只需要吃血清素跟安眠藥就能運作了。

大約在二〇二一年二、三月，我開始恢復使用社群的能力。我也把煮飯、瑜伽等放進我每天的日程中，視為一件重要的事，並且因此更重視自己的時間。有個朋友介紹我一個瑜伽頻道 Yoga with Adriene，我跟著一起做，雖然不至於感受到冥想，但也覺得跟隨舒服的節奏伸展自己很棒。在身體上達到放鬆的狀態，也讓我在當下專注感受，可以緩解當時劇烈的頭痛。我總是覺得自己要當一個有用的人，做的事情要有效果，所以瑜伽這件很有對價感的事，就讓我覺得很不錯。不過，所有成效都要耐心等待，不可能立竿見影，也是在生病中領悟的事。

四月時，我停止了諮商，但仍持續用藥；五月開始，生活幾乎回到了正軌。五月二十日，疫情在台灣開始爆發，很多工作都得停擺，一開始，我就像往常很焦慮，但有趣的是，我並沒有像病時災難化思考，而是嘗試跟自己的情緒相處，找方法去填空時間，學更多料理。疫情也養成了我進擊的廚藝，再次陷入下廚的坑！

有時我覺得，這就像是《鋼之鍊金術師》的等價交換。我曾向黑暗交付出我的靈魂，日以繼夜在內心跟自己決鬥，我為自己犯過的錯贖罪著。看見真理之門的人，既不幸，又幸運。愛德華得到了懲罰，右臂和左腿裝上了機械鎧，像嬰孩重新學習走路，他說：「站起來，往前走。你不是還有兩條完整的腿嗎？所以不要浪費它們啊！你明明還可以走出更多自己的路的。」

生病後重新經營一份生活，就像重新學習走路，
調整成自己舒服的姿勢，一步一步站穩。

生病以前，我是個完全不煮飯的人。剛開始學習這個技能，是為了可以省一點餐費。當時我一直覺得自己會破產，外送一餐兩百塊，我自己煮一餐控制在七、八十塊就可以很飽。結果沒想到，煮飯的過程很療癒，要去採買、找食譜、備料；如果同時煮很多道料理，腦袋還會布局，什麼東西要先下、要先煮什麼，所有事都要安排順序，沒有其他閒暇的空間去想很煩的事，這件事又幫助我回到當下了，這個投入的過程就是「心流」。在我漫長難捱的日子裡，煮飯讓時間過得很快，我只要花時間，就會有成品，除了自己吃之外，身邊的人如果吃了，也會很開心地稱讚我，成為我一個穩定的成就感來源。另外料理這件事，只要你持續煮，每次都會有點進步，多少心血就會有多少回饋。

我大多都是看 YouTube 學習煮飯的技巧，比方說，我會看「梅納反應如何影響料理的原則」這種科學原理，專心在那個時間裡，做完就會得到實體成果。可以學習的事物沒有止盡，比方學習油跟水的關係、火候大小的拿捏、油的煙點是什麼、爆香的先後順序等。做這件事的成就感很立即，因為不管煮得好不好吃，大家會瘋狂稱讚你。

第一次煮一桌料理給全家人吃，四菜一湯，大家稱讚我的料理，我發覺，家裡好久沒有這樣，平靜滿足地圍繞一桌吃飯了，而這樣平凡的一刻，是多麼的珍貴。

瑜伽、料理這些事，都不是為了拍片而做。我的生活，不是為了拍片而過。

我拋棄過去的思考模式與工作習慣，抬起頭來發現，生了一場病，我所活的，也不是以前的生活了，我不需要生活裡每件小事都拿來拍影片。三、四月時，我開始有能力應付更多工作，雖然工作的時間感還是很長，仍然感到日常生活很壓抑，但至少工作上的能力是有恢復的。

生病改變我最多的其中一點，是「工作的價值觀」。雖然賺錢是必須的，但仍可以在其中找到意義，跟做「有意義的連結」。我現在跟很多朋友變得更熟了，以前聊天的朋友通常是跟工作有關，現在跟人建立連結的方式，不是單純為了工作而社交、為了拍片而社交。

在我的紀錄裡，三月十日是我最後一次因為憂鬱症而哭。四月時，我已經沒有躁的狀況了，偶爾頭還是會漲漲且痲痲的，伴隨緊張感或焦慮感會有不同程度的感受，但整體上心理上跟生理的不適已經大大降低。

有一句話是，「當你凝視深淵的時候，深淵也凝視著你。」

我並沒有因此成為一個無所畏懼的人，
只是把人生要追求的先後順序做了調整。
有些恐懼，也就不這麼恐懼了。
深淵會一直在，但是，我走過一次了。

愛德華・艾利克說過：「沒有經歷過痛苦的教訓是沒有意義的，因為沒有人可以在沒付出的情況下獲得什麼。但是透過忍受痛苦和克服痛苦，人的心會變得強大、變得完整。」

像嬰孩重新學習走路，也像是再一次長大，適應新的走路方法，這是我的另一次成人式——因為經歷了這場病，我更加的了解自己，也重新定義了人生的目標與意義。

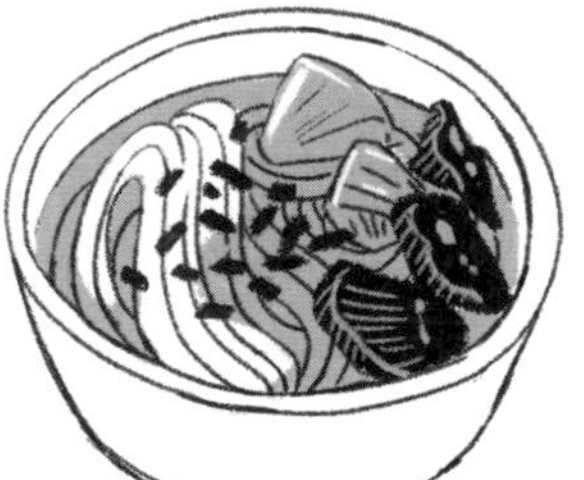

16

生日快樂

終於走到這裡了，我想深深的感謝自己：
謝謝你撐過來了。生日快樂。

二〇二〇年我的生日，五月八日，憂鬱感正在無形中慢慢生長，但我不是沒有意識到，只是不願承認。當時，我不想要任何人祝我生日快樂，於是把臉書通知生日的功能關掉，也沒有發文，只是平淡地度過。

我一直很想脫離憂鬱症患者的身分，但當我接受了這個身分，反而好像真的沒關係了。就像這個世界永遠有討厭我的人存在，我不可能讓自己完全脫離負面情緒，反而是，如何與這些讓我不舒服的事物相處與共存，知道這些並無法否定我這個人的價值，才是最重要的。

當時我在「壓力來源處理進度表」寫下的東西，如今看來，似乎可以不用想得這麼悲觀，但如果沒有走過這一遭，我是絕對無法說出這句話的：在工作方面，可以不必這麼苛求自己，依然相信自己想堅持的價值，懂的人就會看見；重心上也想開始串連 YouTube 領域的創作者們，把資源串一起分享給大家；在金錢的焦慮方面，也會更謹慎理財，把錢用在對的地方。

現在偶爾還是會感到焦慮，但已經沒有以前憂鬱到被壓在水底的感覺。在慢慢好起來的過程中，我開始有了分享自己憂鬱症經歷的想法，有鑑於以前我分享異位性皮膚炎的經驗，在我周邊形成很奇妙的異位性皮膚炎小社群，可以感覺到很多人給我的回饋，我也覺得可以幫助到他們，讓我更想做。另一方面，我也想在我還沒有忘記以前，記錄這份痛苦，因為這也是我人生很重要的一塊記憶。

在我拍攝那支〈在憂鬱症中掙扎了一年，我學到的事〉前，除了更改了好幾次逐字稿，也做好了面對網路上所有輿論的準備。果然在影片發布後，常常看到類似「他只是想掩蓋之前的錯誤」「他是假裝生病」「根本在消費憂鬱症」……等留言。然而同時，我也收到了更多正面回饋，有人告訴我，自己從我的影片中得到了康復的希望。有人說，自己去的身心科診所正在播放這支影片。我想，這已經很足夠了。

我想，那句「你是一個噁心的人」也不再這麼影響我了。在這個網路社群時代，所有人都可以很隨意地表達自己的想法，自由伴隨自律並不容易，就是有些人覺得鍵盤殺人很舒壓，或是隨便帶個風向很有成就感。匿名空間也造就許多不負責任的留言，合理批判的界線是什麼？這除了是我的課題，也是所有使用網路的人需要思考的課題。

現在的我認為，生活中有更多有意義的事可以去追逐，如果你也深受憂鬱困擾，我唯一能說的只有：

我知道你會好起來，但是辛苦不會變少。

這條路，你就是要自己走過。

我之所以生病，就是不知道如何評估自己的自我價值與承受壓力的程度。除了外在的指標，你有沒有評價自己或是認同自己的方式？我認為這點也是很重要的。

痛苦是有意義的嗎？痛苦在過程中可能是沒有意義的，但是如果你還持續在走，痛苦將會有意義。以前蒐集遊戲王卡牌，最想要的就是三張神之卡，可是它們在實際的對戰中無用。神之卡就像是開外掛，要是能在現實正式比賽裡發揮作用，那根本就是怎樣都打不死，沒得玩了。人生是不可能永遠站在頂峰的，下坡路也有下坡路的風景，好好享受、感受沿路地貌的變化，生命是很有趣的。

終於走到這裡了，我想深深地感謝自己：謝謝你撐過來了。接下來，少做一點工作吧，東西可以吃貴一點的，多花一點錢在自己身上。

二〇二一年五月八日，我感覺自己已經好了七八成，生日反倒過得很高調，我不知羞恥地到處跟廠商要禮物：「你要不要送我禮物？我可以幫你拍影片。」

因此，我收到了一台 Gogoro，收到時心裡灑滿小花，妹妹還送我全球限量五百組的《進擊的巨人》巨大模型，Hook也有買，但是我的那一尊還比Hook先送到。那天晚上，我跟家人一起去按摩，平安且幸福地吃完了一頓飯。

我對著蠟燭閉上眼睛許願，對自己說：生日快樂！

17

森林裡的魔法師

這篇故事是由這次負責採訪撰文的姿穎，
在整理出了全書內容後所發想的原創故事。
原本是設計成一篇篇的短篇散文，
但是我在看了故事後覺得集合起來一起呈現更深刻優美。

小熊是森林裡的魔法師，據說，他在那個森林裡反覆著孤獨的修煉，將近二十年以後，他才煉成魔法。因此，每天都會有許多動物上門拜訪，魔法師善於治癒，他有一台神奇的相機，能透過快門記錄下每種動物的生命顏色，動物們會看著那張照片裡的自己，不自覺說出自己生命中最幽暗的故事，小熊會在他們流下眼淚以後，奉上熬煮的花草藥湯，所有人喝下了那碗湯，都會不自覺露出溫暖的微笑。

當兔子看見小熊照片裡的自己，從沒想過自己的絨毛如此滑順；小鳥在照片裡見證自己羽毛的光澤，每個人都因此更喜歡自己一點。

魔法師小熊每天半夜，都會努力熬煮花草藥湯，他在清晨採集森林裡的落葉、神奇小花、雨水，回到家裡以後，小熊需要拔除一根自己的白髮，以及「秘密配方」。就算是小熊再好

的朋友詢問他：「這個湯裡到底加了什麼，為什麼會這麼好喝呢？」小熊也不願意說出這個秘密配方。

魔法師小熊開始聲名遠播，森林裡的所有人，都喜歡著他。

外面的世界在下雨，閉上眼睛，你心裡的小森林，照進微弱但篤定的光，灌溉眼淚也能讓種子發芽。

小熊會在夜深人靜時，寫下訪客們告訴他的故事，他將故事寫在乾枯的落葉上，並且放在自己的書櫃裡，為了放下那些故事，小熊把自己好多童年珍愛的故事書都丟掉了。

為了讓更多人依賴自己，小熊勤勞地搜集落葉、在落葉上寫字，彷彿那些在故事裡死掉的傷心，就會續存下來，用另一種方式長出自己的生命，每當小熊抄寫大家的憂喜，都會感覺他們的生命因此更輕盈一些。客人們會自己攜帶很多落葉前來，當作送給小熊的禮物，他既欣賞這些葉子，又得努力騰出家裡的空間，放置葉子。

一隻麻雀銜著一片葉子前來，詢問小熊：「魔法師，你為什麼要幫大家的忙呢？」

小熊想了很久，回答：「因為只要這麼做，我就是真的了。」

開始有更多人拜訪小熊，甚至要求他在下班時間為自己服務，小熊開始不太知道，哪些人是自己的朋友，哪些人是客人。他不清楚每個人前來的目的，不清楚他們誇獎自己是否只是因為自己治癒了他們，那麼，是否有人真正地愛他？

我愛你，不是因為你的名字、你的五官、你獲得的掌聲，僅僅因為你是你。

某天早上醒來，魔法師小熊和平常一樣，穿上他的長袍，戴上魔法帽，準備開始一天的魔法，為世界帶來亮亮的驚喜。他走到客廳，看見放著葉子的書櫃倒了，像是一座島嶼的坍塌，所有人寫在葉子上的故事，跟隨交錯落下。

小熊很緊張，他不可以搞砸這些人交付給自己的事物。連續好幾天，他掛上「今日公休」的牌子，脫下魔法帽，每天都在整理那些故事，按照頁次擺放。在整理間，因為資訊量太過巨大，他的腦袋也跟隨錯亂，像是浮沉在這一片寫滿故事的葉子海中，他掉落進那些故事裡，每一個故事都是一個黑洞，他感覺自己失去控制自己的能力，只能任由黑洞吸收著自己的身體。

當訪客拜訪他，小熊魂不守舍地進行治療，因此沒有辦法專注聽他們說故事，森林裡謠傳著幾則魔法師小熊的流言，「魔法師小熊是個騙子」「魔法師小熊不再像以前那麼好」。

他開始相信，這是真的。

我們要做的不是「回到還沒生病的時候」，過去的行為模式使我們受傷，幫自己貼上一個ok繃，傷口會開出小花，創造出生命新的運行方式。

那些散落在地面的葉子，根本整理不完，小熊索性不再開店，反正來的，也都是討厭他的人，他不知道該如何整理那些葉子，每天都在想辦法。

一日，曾經被小熊治癒的兔子前來拜訪他，兔子目前居住在另外一座森林，但是他聽聞小熊的消息，連忙趕赴而來。兔子看見小熊癱坐在地上，什麼也沒有說，只是問：「你要喝一碗熱湯嗎？」

兔子逕自丟下食材，熬煮藥湯，小熊看見兔子丟進了自己的招牌「花草藥湯」所需要的材料，味道越來越濃郁，當兔子說：「好了，讓我們來喝湯吧。」小熊回答：「不，還缺少一樣配方。」小熊走近立於地面的大湯鍋，將臉靠近熱騰騰的蒸氣，流下了一滴眼淚。

那一滴眼淚流下去以後，整鍋湯發出了星光般的顏色。

「這就是我的魔法。」小熊說。

你的缺陷如同你的真實一樣美。每一滴眼淚都是一座海洋，醞釀著生機與強悍的生命力。

除了兔子以外，小熊幫助過的狐狸、貓咪、獅子，也都日日前來拜訪，他們也沒有向小熊要求什麼，只是低頭整理那些掉落的葉子。但是書櫃就這麼大，他們在小熊的同意下，決定可以焚燒十年以前的葉子，小熊二十年來都在為了別人的生命修煉魔法，那些已經長大的生命，也不需要再回頭撿拾這些書櫃裡的葉子了。

書櫃只放近期的診療紀錄，以及，貼上了小動物們對魔法師小熊的感謝與想念，「即便你不會魔法，你仍然是真的。」兔子在信上這麼寫。

他們為小熊熬煮藥湯的時候，加上各自喜歡的花草，以及自己的一滴眼淚，小熊每天都喝不同的藥湯，感覺自己的身體慢慢溫暖起來。

他的魔法不再是獨家，每個人都可以調配出這樣的湯底了，但是，他們依然會前來拜訪小熊，有些人報名成為小熊的魔法練習生，有些人只是待在這間屋子裡，閱讀其他人的故事。

小熊再也不使用魔法了，書櫃在敲打與修復下重新站立了，小熊在書桌前寫下自己二十年以來的孤獨，並且將這片葉子，放進書櫃裡。

即便你不會魔法，你仍然是真的。

Part 6

備忘錄

作者Q&A
給鬱友的病時備忘錄

原來可以有不用死就能結束痛苦的路，只是我們需要走得久一點。儘管比別人緩慢，也是沒關係的。

Q：我是否會好起來？

A：我在生病時，是這樣深深相信著——無論如何，我都不會好起來。不過像是前面講到的，憂鬱症是可以好起來的。除了要積極就醫，並且嘗試各種可以好起來的方式之外，我覺得以下三個行為與心態在康復的路上，會給予你很大的助力。

（1）找到適合自己的行為

深陷憂鬱症的當下，一切都會變得很難很辛苦。但因為這樣就什麼都不做、只是把時間留白，並不會讓病情改善。每一天的生活還是要過下去，也要找到適合自己做的事。在病情比較嚴重的時候也不一定要嘗試新事物，可以尋找熟悉的事物，讓自己靜下心來。可能是以前你很喜歡的一部電影或一本小說，透過這些媒介去練習找回喜歡一件事的感覺。

當病情比較穩定時，成就感多元化就相當重要。去試試看以前沒有做過的事物吧！其中一定有可以持之以恆做下去的、尚未發現過的興趣。養成自己新的習慣跟行為，有助於讓身體與意志保持專注，類似一種鍛鍊心靈肌肉的方法——依據你當時的病情、階段，嘗試不同難度的事物，大約是能夠專注百分之九十的事情。以我自己的例子，跟「手作」有關的行為特別有效果：煮飯、畫畫、拼樂高、模型上色等，從身體的勞動、持續的動作，完成一段專注的時間，摒除掉雜念。行為完成以後，會有一種「到達了某處」的小成就感，也可以在這個「完成」之下稍微休息、喘口氣。

（2）找到自我價值感

發病時會嚴重地貶低自我價值，我每天都覺得自己一無是處，討厭自己。我了解你的感受，養成健康的心態是很困難的，試著找到自己的「自我價值感」，那無關別人是否覺得你很棒，而是你自己也相信、無需他人評價的。

「自我價值感」像是一棟大樓，一個一個堆疊上去，完成了一個「別人／自己」理想中的「我」。比方說，第一層是好學歷，第二層是好工作，第三層是穩定的親密關係等，一個崩塌以後、還有下一層可以接住，但生病時，你會覺得這些東西都是沒有價值的，一下子就從很高的地方摔下來。我們從小就被教育要一直往上爬，爬得越高越多層就代表越成功。因此當我們失去一切掉到最底部時，甚至會懷疑自己身而為人是有價值的嗎？這時候就會考慮死亡。

但是，那些你覺得有價值的東西，必須不是比較而來的，而是放進「絕對值」裡，不經他人評價、無論如何都具有價值的。要找到評斷自己的這種客觀標準，對自己說話的方式是至關重要的！會生病就是因為對自己太苛刻了，所以要無條件對自己仁慈一點。「無論如何，我已經很棒了！」希望你們也可以這樣看待自己。

（3）找到正面的觀點

生病的時候，我們的思考會無法控制的負面、悲傷，這也是一種習慣的累積。但是同一個水杯，可以把它看作半空的，也可以視為半滿的。這種看待事情角度的轉變，可以用「房貸」對我的壓力舉例。病時的我，覺得房貸很貴，我沒辦法二十年都維持這麼高的收入。

房貸付不出來的話，房子最後會被法拍，而且會損失一大筆錢，我還會無家可歸。後來的我覺得，沒關係啊，房貸繳不出來，把房子賣掉就好，沒什麼大不了的，還可以拿頭期款回來；我也可以不要住在台北啊，住在遠一點、便宜一點的地方，生活也是過得下去的。

生病時我一直覺得，我是被迫要去做這些事的，但生活方式是有各種選擇的。要給自己更多餘地，未來就會有可能性：要不要繼續做影片、要不要賺很多錢，這些都是我可以選擇的。把放在自己身上的責任轉換成意願，思考這件事的角度就會不同。

二〇二一年二、三月時，我開始確信自己會慢慢變好，那是二〇二〇年九月病發時，我不可能相信的事！當時在這個想法卡了半年之久，當下的體驗也確實就是這樣，藥也吃了，諮商也看了，還是沒有什麼成效。但現在的我也無法跟當時那個狀態的我說「你要正向思考」，因為我知道，這太強人所難了。這段痛苦是必然的經歷，只有倚靠自己的力量才能走過……但我想跟當時的自己說：「會慢慢好的，你一定要相信這件事。」

以後康復的你，會感謝現在的你，正在嘗試這條遙遠一些的道路。原來可以有不用死就能結束痛苦的路，只是需要走得久一點。儘管比別人緩慢，也是沒關係的。

Q：病人的體感會有哪些狀況？

A：嘿，你並不孤單，你不是異類，現在你的心理上、生理上的各種狀況在生病時期都是正常的。在我最糟糕的時候，我一直想要找到有跟我類似狀況、但後來順利好起來的病人，出來分享自己的病症，讓我知道，我就算現在是這樣，未來還是有機會跟他一樣變好！所以我想在這裡把我很明確的幾個病症列出來：

（1）負重感

就我自己的經驗，最一開始病情還沒有爆發時，老是覺得身體承擔著一種「物理性重量」，承受低氣壓、笑不出來、提不起勁……那時候就連眼神也很渙散，在看那個時期的照片時，會特別明顯看得出來不對勁。不管要去哪裡，都只能像是拖著自己的身體一樣，負重前行。

（2）悲傷感

長時間、不中斷的極度悲傷，是憂鬱症的一個明顯指標。我們會因為生活累積的各種壓力而悲傷、哭泣，而且不一定是為了當下所發生的事而哭泣，而是因為長期累積的、各個無法解開的結，在某個時間點無預警地造成悲傷襲來而哭泣，所以有時候會覺得是「無故哭泣」。有時還會加上龐大的焦慮、恐慌情緒（比較像是知道自己該做些什麼，但不知道自己還能做什麼），所以很緊張、很無助，伴隨著心理上的焦慮而來，也會有更多生理上的不舒服。

（3）**被追逐感**

身體會不自主的顫抖，特別是雙手；頭腦也有燒灼的感覺，就像是一部過勞的機器發出高溫；肌肉總是很緊繃、心跳加快、盜汗，好像後頭有某個東西要追著我跑，但因為這個東西不存在，所以也不知道該往哪裡跑。這個生物的反應叫做「戰鬥或逃跑反應」（fight or flight response），是對感知到的有害事件、攻擊或生存威脅做出的反應。可能也是因為這種緊張感，讓我有好一陣子都會有很嚴重的頭痛，感覺像是從後腦杓兩側包圍住整顆頭一圈的緊箍咒，還時不時會有痛覺與緊繃的脈動，這讓我很害怕腦子是不是會就這樣子燒壞。

（4）**時間感**

這一項是我沒有在其他書籍裡看到的，但是影響我很嚴重的病症。我的「時間感」會變得非常異常，有點像是：當你的手放在熱鍋上十分鐘，一定會比看電視十分鐘的時間感更延長，因為每分每秒都是痛苦的，意識會被放大。我常常一整天結束時，回想當天的早上，都會覺得是一兩天前發生的事了。每天一直看著時鐘，想著怎麼還沒有到可以吃藥睡覺的時間？有趣的是，我那時會把比較困難的事放在下週，因為光一週就有好幾個禮拜的體感，一週後對我來說是很久很久以後的事，要花費無限長的時間才會到達。所以把困難的事往後擺，就有點像是暫時不用處理它的感覺。這樣的時間感也讓我擔心，我未來如果遭遇什麼痛苦，或者是生病，我受苦的時間是不是都會被延長？

（5）遲鈍感

當時對我來說，最可怕的就是講話會卡住、腦子運轉不靈光、記憶力變得很差。我光是看一本書，看到第二行就會忘記第一行在講什麼。看一部電影，也會無法集中精神跟著劇情走。更不用說要工作或跟人交際，更是難上加難，要費盡精神才能擠出話。有次在鬱期跟 Joeman 一起拍攝，他後來回憶起這段經歷說：「怎麼會讓這麼優秀的一個人，連說話都無法好好說了？」我很害怕這些是不可逆的傷害，讓我的大腦之後一輩子一直都是這樣，對於「失能」或是「失去原本的自己」感到非常沮喪。

（6）迴圈感

就算結論都一樣，還是會無法控制地一直想同樣的事、陷入迴圈，且當家人朋友們告訴我「不要想那麼多」，只會讓我更無力。那時候我完全不在意別人的感受，遇到人常常就傾訴一肚子的問題。還有一種迴圈感是「無法下決定」，因為會反覆想做了這個決定之後，會不會再發生憾事或後悔？所以就連午餐要吃什麼都很難下定論。

（7）災難感

生病時，我的思考會把事件「災難化」，再把這個想像出來的災難「永久化」。比如若一支影片表現不好，我會推斷自己「頻道失敗成這樣，一定會失業永遠沒工作」；一個酸民在罵我，我會延伸成「一定會被po到匿名論壇並炎上，然後所有人都會討厭我一輩子」。

思考毫無章法，充滿荒謬，很多事情的終點都是大家會討厭我，且最可怕的是不管旁人怎麼引導，我都還是對自己編出的劇本深信不疑。

以上都是我在生病時感受到的病症，每一項我當時都覺得「沒救了」，一輩子可能就要這樣跟它們共存下去。但好消息是，現在以上的病症都已經得以控制，或者是完全恢復了。

Q：生病時你應該做些什麼？

A：我知道你無法控制自己、難以避免以上的狀況發生，那麼，我想告訴你，「事實」是很重要的。

（1）尋找正確的資訊

第一是醫生講的話、他所告訴你的疾病脈絡，如果有疑問，也請主動向醫生詢問。第二，書籍的內容會比網路資訊好很多，網路有太多似是而非的資訊。若在生病當下得到錯誤的訊息，影響會很大，甚至會動搖你可以好起來的信心。不要當Google醫生，如果不能當下就得到醫生的建議，寧可去找一本書好好地看。

（2）記錄你每天的狀態

雖然要積極求醫，但只有你自己最了解你的狀況。推薦給各位Part5提到的日記應用程式「Daylio」，它能將你的心情狀態做出長時間的情緒曲線。我自己會記錄情緒起伏時間點的感受、吃藥後的感受，以及當天的狀況。由於生病時記憶力會變很差，也會記錄當天大概做了什麼事。這個應用程式幫助我看到自己的進展，如果當時完全沒記錄，回想起來就只會記得自己很糟的狀況。隨時記錄生活的每種狀況，就會發現有一些好的時刻，也可能會找到一種共性，比如說特定做某些事、遇到某人的時候會比較好，也會找到一些固定引發不好的狀態的刺激等。有這些紀錄，可以更了解自己的發病模式。

Q：有推薦的書籍嗎？

A：承上題，書籍的資訊是比較可靠的。不過市場上也充斥一些內容不太扎實或是繞了很大一圈卻沒什麼重點的書籍。我在生病時看遍了各種直接或間接討論憂鬱症的書籍，以下推薦幾本我心目中寫得最好的：

（1）《脫憂鬱》

《脫憂鬱》是我在菜喳的工作室偶然間發現的一本漫畫書，可以說是影響我最多、也幫助我最大的一本書，是由也曾是患者的漫畫家田中圭一採訪多位患者後集結而成的彩色漫畫。《脫憂鬱》裡有各式各樣的憂鬱症、躁鬱症病患如何走出來的故事，實際的康復案例的呈現，讓我相信自己真的是有機會可以康復的。裡面提到「思考變慢」「一直批評自己」「在工作裡找不到成就感」「人際關係中常有人閒言閒語」等狀態，許多莫名錯綜的原因造成憂鬱症，情境的描述也充滿同理，提出的方法具體，可以在生活中實踐。我看完書後實踐了許多引導自己的方法，開始改變對自己說話的方式：我培養了早上一醒來就先對自己說一些正面想法的習慣，如果有發生不好的事，也會避免先指責自己。

（2）《禮悟》

作者「蔣哥」蔣承縉是娛樂圈無人不曉的人物，這本書揭示了他作為同性戀自小的痛苦，以及長大後他與伴侶之間如何經歷生命的挫折。他那一段憂鬱的狀態，提煉出許多人生的智慧，我整本書反覆的看了不下十次（一部分是因為我記憶力變得很差）。裡面令我印象深刻的句子是：「面向太陽的人，背後會有陰影。」以及：「如果一直把眼神專注在黑暗的話，你只會看到更多的黑暗。」這對我當時的反芻思考狀態很有幫助，雖然這本書講的不是憂鬱症，但蔣哥經歷苦難後得到的體會很扎實，也讓我感同身受。

（3）**《憂鬱症自救手冊》**

由於我是一個資訊控，面對自己不理解的憂鬱症，也花了很多時間釐清這個疾病。生病初期，我看了這本書，它比較類似工具書，會告訴你憂鬱症有哪幾種、治療方式、實際上會怎麼進行，這讓我在對於憂鬱症客觀事實層面先建立了一個良好的基礎。

（4）**《蔡康永的情商課：為你自己活一次》**

這本書雖然也不是在談論憂鬱症，但也談了許多「負面情緒」，深入探討自卑、後悔、悲傷等情緒與自我的關係。通常雞湯類的書我讀起來會覺得廢話太多，但是這本書的觀點容易閱讀也很深刻，有助於重新省思與自己的關係。

（5）《小鬱亂入，抱緊處理》

小鬱是我在得到憂鬱症前就已經認識的ＩＰ角色，同時也是這次跟我合作的插畫師！本書作者充分發揮專業能力，設計出令人印象深刻的人物角色。她們不只是出了書，還創立了一個針對憂鬱症的科普網站，在裡面有關於這個疾病的各式介紹，還可以做小測驗檢查自己是否罹患憂鬱症。這本書則是適合想了解憂鬱症患者或平時自我檢測的入門書，也分享了一個人的自我調適方式、飲食和生活習慣的建議，以及尋求協助的各種途徑。整體排版及章節劃分清楚、用字簡淺明確，搭配圖片設計有助於內容理解。

Q：憂鬱症陪伴者需要注意什麼？

A：憂鬱症患者身邊都會有一同承擔痛苦的陪伴者。雖然說傾聽與陪伴對於患者來說很重要，但是陪伴情緒低落、痛苦壓抑，甚至有輕生念頭的親友，從來就不是一件容易的事。我自己很幸運，身邊有很愛我的陪伴者，也有很多願意花時間支持我的好朋友，在好起來之後我們也常討論當時他們身為陪伴者的細節。以下整理一些對於陪伴者有幫助的作法：

（1）照顧好自己的健康

自己的健康比病人的健康更重要，就像是在失壓的機艙裡，要先幫自己戴氧氣罩，再照顧身邊的人一樣，一定要先把自己顧好。要有意識地辨識自己是否需要幫助，也要有意識地讓自己在物理以及心理上有喘息空間，自己要好好的，才有餘力照顧患者。雖然聽起來很殘忍，但是「不要隨時都那麼用心」是必要的。在陪伴的當下可以嘗試把情緒抽離，不要直接把對方的痛苦扛在自己身上，這樣才有辦法在當下給予穩定的陪伴。如果自己受到影響，陷入了他的情緒迴圈，這時候更無法提供穩定有品質的陪伴。因此，陪病最好有輪班制，要有人跟你一起討論與關心病人的狀況，大家在同一個資訊面上。如果自己真的不行了，要記得向他人求救。在過程中肯定自己的努力也有些幫助，要提醒自己這一切不是你的錯，也要記得常常跟自己說：你真的好努力啊，這麼不屈不撓地嘗試了！真的好厲害啊，今天也辛苦了啊！

（2）不要捲入他的迴圈中

陪伴不代表要百分之百順著他的說法。在病人願意說時聽他說話，不用帶太多批判性的做一個聆聽者，但如果對方陷入瘋狂的黑暗漩渦，絮絮叨叨地講述不可能發生的假設，可以聽一陣子、讓他釋放，但在他開始重複時，描述依正常的發展會發生的狀況。這樣可以適時「斬斷」他思考的迴圈，例如：「我不是說你錯，但你有現在的想法，是因為你生病了。」「這看起來是過度災難化的想法，實際上不會發生這些假設性問題。」並給予他疾病的正確資訊。

（3）學會與患者共處

網路上會有各種跟你說如何跟患者共處的方針，比如說不要說加油、不要逼他做事……但我覺得最重要的、最舒服的相處方式，是源自「同理」。在閱讀這本書之後，你可能會比較能理解患者在經歷的痛苦是無法自我控制的，也不是他自己願意的，很多的患者是已經非常努力，才能做出對於一般人很簡單的行為，因此你在「我知道你現在在經歷無法想像的痛苦」「我知道你已經很努力了」這些同理為出發點進行跟患者的溝通，就不會說出不該說的話了。如果能在照顧好自己健康、不陷入他的負面迴圈的這兩個前提下，盡量多同理患者，詢問像是「我現在可以幫助你做什麼」這種站在他的角度出發的問題，會讓患者比較能接受。

精神科醫師 Q&A

憂鬱症有可能真正好起來嗎？

訪談對象——醫師林奕廷

台灣大學醫學系學士與臨床醫學研究所碩士。曾任台大醫院雲林分院精神醫學部主治醫師，目前為台大醫院精神醫學部主治醫師與台灣老年精神醫學會副秘書長，並於台灣大學醫學工程學研究所博士班進修。除了臨床服務外，亦專長精神分裂症的生物學研究、精神遺傳學與老年精神醫學領域。

Q：請分享近年來台灣精神疾病及憂鬱症的大數據。

A：比較有科學根據的是鄭泰安教授曾在國際頂尖醫學期刊《刺胳針》（*The Lancet*）發表的一篇論文，運用多種統計方法分析了一九九〇年至二〇一〇年九千零七十九筆受訪資料，發現台灣常見精神疾病從11．5％上升至23．8％，這十年間增加了兩倍。

另外衛福部也有提供資料二〇一六至二〇一八年，台灣一年約有四十萬人因憂鬱症就醫，占投保人口1．7％，並且有逐年攀升的趨勢，人們病識感增強，也更願意使用醫療資源，那這也只是計算了實際就醫的人數。

Q：從你開始看診至今十二年間，病患與家屬對看診的態度是否有改變？

A：這幾年台灣有許多人在做精神疾病去汙名化的行動，其實是很有幫助的。大家願意來看診，也不會躲躲藏藏，初期生病就來，就會更容易改善病況。大家對疾病的認識增加，會更早開始懷疑自己是不是身心出狀況。由於焦慮憂鬱經常伴隨許多身體症狀，比如胸悶、心悸，一般都會先看家醫科、內科等，看很久看不好才被轉介來精神科。甚至很多人胸悶會來精神科，我問說怎麼沒有先去檢查心電圖？他說：沒有，我覺得自己壓力很大。

有一陣子是電視上常有公眾人物坦承自己生病，雖然不是有意，但無意間讓大眾認為這不是不能說的事。另外是越來越多精神健康基金會等組織在社區中落實精神健康、分享知識以外也做了許多去汙名化的運動，讓這件事就有更多被公開談論的可能。

Q：很多生病的人會想知道自己到底「會不會好」，可以談談復原的可能性嗎？

A：精神疾病有很多種類，有些精神疾病是暫時的，有些需要長期治療或用慢性病的模式去治療。常見的精神疾病，焦慮、失眠這些是短期問題，慢性化的也跟病患的人格特質、是否有長期壓力有關，我們會說那是「體質」——每個人壓力都很大，有些人會變重鬱症，有些人則不會，並不是因為你比較脆弱，而是你的大腦機制、你的體質讓這件事發生。從嚴定義的重鬱症，發病三次以上，我們就會覺得他需要長期治療以預防復發。

有些精神疾病就不太會完全復原，例如「思覺失調症」，它發病後經常帶著一些殘餘症狀，正向症狀（旁人亦會察覺）如：幻聽妄想；負性症狀（難察覺）如：聯想障礙、對生活與人際關係沒有興趣；認知障礙如：難以專注、對學習與資訊閱讀有障礙等。如果你的疾病表現上述「負性症狀」比較明顯，復原的路也會比較漫長，家屬會需要了解這些症狀，知道在這些基礎上如何陪病。

但你如果有病識感，在第一次發病前就來，復原機率就會滿高的。很多病人問我：「我到底會不會好？」我還是會跟他們說：「我們的治療目標是讓症狀完全消除，以完全復原為目標，一起努力看看。這個目標是可能達成的，接著我們也會透過強化預防可能復發的地方。」

Q：要如何意識到自己可能有憂鬱症？

A：憂鬱症的核心症狀，比起悲傷情緒，更多可能是沮喪、絕望，另外一個明顯的是對事情喪失興趣，就算從事了也不像以前這麼開心與投入。另外很明顯的症狀是失眠，不過失眠只是憂鬱症的其一症狀，失眠是很常見的看診主訴，但不一定是問題核心。身體症狀上出現各式疼痛，如腸胃不好、胸悶心悸，以身體症狀表現為主的病人對於自己的情緒覺察通常沒有那麼好，比較多是被轉介來精神科的。焦慮也是一種症狀，隨時隨地都覺得好像有什麼事要發生，常常體感上覺得忽然好像要被絆倒了。

Q：病識感為何重要？

A：幫助病人意識疾病，積極參與治療。尤其我們藥物治療不會立刻有效，抗憂鬱藥可能要吃到第三、第四週，才會有所作用。如果病識感不夠，很多人會懷疑自己到底在吃什麼藥，進而放棄。病識感好的話，也可辨別醫生到底幫助了你什麼、還欠缺什麼，就可以進一步調整藥物。

Q：你會怎麼樣去介入病人與你相談自殺？會怎麼跟病人討論死亡呢？

A：死亡跟自殺對很多人來說是忌諱，會覺得不好意思說、說起來很羞愧，甚至害怕別人覺得自己在情緒勒索、很誇張怎麼這樣就想死等。其實想自殺是憂鬱症與精神疾病常見的症狀，有些人會覺得我痛苦到活得很累，想要結束這個痛苦；有些人發現自殺的念頭是「忽然」冒出來的，會覺得很慌張，而且也無法抗拒，所以「講出來」對病人是很重要的。我們會看作這是病程、症狀的一部分，中性地去看待這件事，比較不會阻撓病患處理他的情緒，讓患者可以比較舒服地講出來，將它看作「症狀」。我們需要去重視這個「症狀」，但是不要太過於情緒反應。

有自殺的念頭很辛苦，如果有這種情況，務必要讓醫師知道，讓他協助你去克服。

另外有些人長期會有傷害自己的衝動，這個模式會影響他跟別人互動的方法。「自殺」跟「自傷」在定義上就不同：「自傷」的目的是傷害自己，自殺帶著結束生命的意圖。自傷的情況若明顯，可能自殺的狀況也會比較多，但自傷最開始的目的不是結束生命，常常是為了緩解痛苦，有些焦慮或情緒非常強烈的人，吃鎮定劑也不一定會有幫助，但是讓自己出現傷口，情緒會獲得緩解，因為他覺得自己沒有更好的選擇。而不管是精神科或是諮商、任何治療方法，都是幫助讓「更好的選擇」可以出現。

我們將其視為一種「症狀」的表現，越是中性與病患去討論這個「狀態」，越有可能找出真正的動機，進而去面對那個問題。

Q：**像阿滴這樣的患者，一開始發現自己生病時其實會特別意外，因為他生性開朗。也由於他平時是一個聰明、有邏輯的人，生病導致的思考遲鈍、注意力不集中也帶給他更多困擾，你會跟**

這樣的病患說什麼？

A：生病的主因絕對不是抗壓性不好或性格有缺陷，很多像阿滴這樣樂觀開朗、從事高壓工作的人也會生病，憂鬱症忽然就來。這是我們所談的「大腦脆弱性」，與生物學因素有關，如果有家族病史是更可能得病，不是父母會有你就可能繼承的顯性遺傳，而是多基因的疾病。既然是生物學因素，藥物的治療就很重要，我們會跟病人說吃藥並不是因為你的個性有缺陷，而是你的大腦生病了，你的大腦有某些特質會讓你進入這個狀態，那接下來我們就去處理這個狀態就好。

很多人覺得跟情緒相關、心理相關，就是可以倚靠自己的抗壓性或情緒處理去好起來，所以我覺得疾病的正名很重要。以前精神疾病會被納在「心理及口腔健康司」，現在要分家，怎麼命名、是精神或心理就有很大的差別。其實我們要正視這是精神上的問題，心理反應是精神上的其中一種表現。

很多憂鬱症患者外表看不出來，會遭到身邊的人質疑：你看起來就好好的，是不是裝病？病人沒有義務向你說明自己的病，但是當他跟你說自己的疾病困擾時，我們會需要學習尊重，沒生過病的人無法知道病人的感受。身為醫師，我們會不斷向病人學習疾病的表現，這也教我們同理。

Q：像醫生剛剛提及，有些人不相信病患生病，比如阿滴發布憂鬱症公開影片後也被質疑生病的真實性，也有人會說怎麼可能這麼快就好起來、你沒這麼嚴重……醫生怎麼看待這個問題？

A：最好是不予理會。我們很多病患會說自己拿病情去做現實的協商或討論，得到身邊的人的不理解。我們當然可以開診斷書，但憂鬱症患者對這種訊息是很敏感的。

我會希望他們可以盡力避免看社群上的評論，但是公眾人物、現代人又特別難不去看。只能說，我們不要期待別人會理解這件事。就算有人借題發揮，那也是別人的問題，不要以此干涉自己的生命。現在最重要的就是跟醫師合作，信任專業的判斷。

Q：像阿滴的狀態，他覺得自己有輕微的「躁」，但好像又不到躁鬱症，想請醫師跟我們分享如何區辨憂鬱症、躁鬱症。

A：躁鬱症會有「躁」跟「鬱」的兩種狀態，或是混合性發作，會有三種發病形式。憂鬱症就是單純的憂鬱發作，躁鬱症的憂鬱發作，可以跟重鬱症的憂鬱發作一模一樣，但如果之前從來沒有發過躁症，這時候我們診斷還是會是憂鬱症，但是醫師心中會留意這個狀態，未來也可能診斷為這是躁鬱症的憂鬱發作。這兩個狀態很像，但藥物治療的方式是不同的，需要長期觀察的線索去分辨。在治療憂鬱的過程中，我們都會去看病人有沒有「躁」的表現，也要顯著到一個診斷標準，我們才會把診斷改為躁鬱症。在醫生的觀點裡，這是光譜的概念而非二分法，看看他身上疾病的表現個別占據多少。

另外一種狀況「共病現象」，比如說「創傷後壓力症候群」可能會跟憂鬱症或躁鬱症的病症表現同時存在，這樣的復原期就會比較漫長，病的成因與結果都可能會複雜，需要耐心慢慢梳理。

Q：請醫師分享憂鬱症與躁鬱症常見的處方用藥，讓讀者知道基礎可能會接觸到的藥品大類別。

A：我們來談憂鬱症的重鬱發作，跟躁鬱症的重鬱發作，這兩種治療方向不一樣。單純的憂鬱症我們會以抗憂鬱藥為主，大家最常聽到的是「血清素」，全名是「血清回收抑制劑」（SSRI）。

血清素是一種大腦神經傳遞物質，作用於突觸間隙的神經訊息傳導，與情緒調節有關。有些藥會再加上多巴胺，多巴胺是用來幫助細胞傳送脈衝的化學物質，是神經傳導物質的一種。這種傳導物質主要負責大腦的情欲、感覺，傳遞興奮及開心的訊息。也有針對不同的「單胺類神經遞質系統」給予藥物治療。要增強效果也會使用低劑量的抗精神病藥，這是治療思覺失調症的藥，低劑量使用可以幫助抗憂鬱，也有可能加上「鋰鹽」，這是甲狀腺素缺乏的用藥。

藥物治療以外，心理治療也很重要，如果藥物治療反應不好，也有人會考慮電痙攣治療，這是透過電擊腦部來誘發痙攣，以治療精神疾患的療法；也有rTMS重複經顱磁刺激治療的療法。不過還是得以藥物治療為主線。

躁鬱症的用藥則是以情緒穩定劑為主，像是前面提過的鋰鹽，與抗精神病藥、抗癲癇的藥。一般而言，躁鬱症的憂鬱發作會比憂鬱症的憂鬱發作更難治療，會需要合併治療。

Q：病人很容易把藥物的副作用跟生病的症狀混淆，需要去明辨這些感覺嗎？比如說可能以此判斷是否需要調整用藥等。

A：的確憂鬱症時常帶著身體症狀，傳統的抗憂鬱藥，比如說血清素增強藥物，大概有相當比例的病人剛吃會有點頭暈、噁心，頭痛，但通常一到兩週就會緩解，不過藥效需要三至四週才出現。很多病人會有「慮病現象」，稍微出現藥物副作用就會選擇不吃藥。我會建議就算要停藥，也要到門診跟醫生談過，醫生會根據你的狀態慢慢幫你停藥。剛吃藥時直接不吃倒是還好，主要是思考自己是否需要藥物治療的幫助，但如果你已經吃了一兩個月突然停藥，很多抗憂鬱藥會有停藥症狀，會需要程序慢慢減量。

Q：阿滴去第一間診所時，還沒有這麼嚴重的記憶力衰退與不集中的症狀，反而是密集就醫後才覺得自己病況嚴重，這種狀態是與藥物有關還是與症狀有關？

A：來就醫後不代表病情不會繼續惡化，開始治療後變得更嚴重，有可能是藥物效果還沒出來，病程則持續在走。一般憂鬱症治療，需要至少三到四週才會有藥效。輕度到中度的憂鬱症就會開始有注意力比較不集中、反應變慢、邏輯沒有那麼嚴謹的症狀，我們會擔心是不是藥物帶來的影響。的確吃鎮定劑、安眠藥會有思考稍微鬆散的狀況，但那跟憂鬱症無法集中精神的感覺是差異很多的，如果是病的症狀，你甚至讀文章，剛剛才讀的那一句，馬上忘記自己讀什麼，很難理解文意，這就不是吃藥會造成的影響，但患者會用習慣的方式去理解事情，會以為這是吃藥造成的副作用，我們需要去幫患者區分是病情還是藥物反應。

Q：醫生會建議陪病者（家人／朋友）要用什麼樣的心態與病患相處？

A：陪病者的壓力其實很大，要把自己照顧好。可能會有兩種狀態，一是患者剛生病，二是患者生病很久。有滿多情況是有些病人生病很久都不會好，面對病患的病情，你們的相處模式也會跟著改變。當相處方式跟著改變，你會以為自己面對的不是以前的那個人，陪病者也要去意識到病人的症狀行為，記得病人沒有生病以前的樣子。

憂鬱症患者會對負面訊息特別敏感，家屬能夠提供最好的方法就是轉移注意力。他的痛苦你不能化解，但轉移注意力，比如一起出去走走、去看個電視電影，都是方法。有一種病人你要他出門，他也不出門，家屬會覺得無力，但不要過度責怪自己或對他生氣，病程就是需要時間，等開關被打開。

諮商師 Q&A

選擇諮商會經歷什麼樣的過程？

訪談對象——諮商師許乃文

畢業於國立政治大學心理學研究所諮商暨臨床心理學組，東吳大學心理學系／德國文化學系雙學士。許乃文是台灣首位將瑜伽、催眠、正念、生命能量控制法，與冥想整合於心理治療的臨床心理師，與個案在同一個視野，有著同在的感受，透過覺察、理解、再經驗的過程，來到共融合一。

Q：沒有做過諮商的人，會對是否要做諮商這件事有許多疑慮，例如：我有到需要做諮商的程度嗎？也會害怕做諮商是不是就代表「我病了」，想請你與我們分享諮商的基本觀念。

A：通常面對詢問「到底要不要做諮商時」「我有嚴重到需要去做諮商嗎」這樣的問題，我給的答案會是：你要不要先去做做看？諮商的流程與這樣的介入，只有去體驗才能知道是不是對你有幫助。諮商是治療師與病人一起設定目標的一趟旅程，比如有人問：「只是睡不好需要諮商嗎？」我會去討論的是這件事對你的影響是什麼，是否有其他經驗讓你現在睡不好？去了解困擾背後的原因，才有可能去改變那個「結果」。

大家可以先去思考，這個現狀的「結果」對你來說有多嚴重，如果已經困擾到影響生活，那我會建議可以去做諮商。我不認為每個人都需要諮商，諮商並不是「因為我很嚴重，所以需要諮商」，而是當你覺得這件事可能可以幫助你，並且你可以接受，才需要去諮商。

之前有人問我，可不可以透過催眠幫助他忘記一件事，我拒絕了。痛苦是需要被處理的，你要看見你的靈魂在受苦，並且找到資源去面對這個痛苦，去意識到及調整自己耐痛的能力。做諮商其實是向自己學習的過程，即便我初期可以給你很多東西，但如果你沒有持續向自己學習，積極找到處理問題的方法，那你不會有成長。

對我來講，諮商是幫助我的個案在他身上長出面對疼痛的能耐，等到他不需要我，他就可以自己好好地過生活；諮商是提供更多視野跟視角，讓個案自己打開自己的眼睛，找到他們看待世界的其他可能。

諮商是尋求治療師與患者合作的可能，我們會一起設定目標，找到要前進的方向。當患者離開諮商室，他在自己的生活裡還是可能會感覺到無能為力——這個來回的過程就是鍛鍊與需要克服的地方。

諮商又分大醫院或私人機構，健保型治療與自費型治療的資源是有差別的：在醫院裡幾乎是無法直接見到心理師的，醫院不會直接幫你轉介，會需要先看過身心科，等到他們判斷你需要看再去看，這個等待過程比較漫長；自費型治療打電話去機構或治療所後，他們就會安排時間，做第一次初談，共同擬定後續治療要前進的方向。

Q：就你的觀察，大部分的人對諮商卻步是什麼原因？

A：大多跟這個社會的汙名有關，去做了諮商好像就是一個失敗或是不被認可的證明；另一個是擔心家人擔心。大部分的人會說，我的兄弟姊妹可以知道，但我的父母不行。還有一種比較特別的，是害怕會改變。我有一個個案，總是覺得自己不夠好。梳理出他與母親的關係，發現一旦透過諮商改變了這個關係，他就無法去依賴母親。他的行為是，透過譴責自己不夠好，而後去依賴母親，並因此感覺到與母親的親密與靠近。

Q：諮商師會如何拿捏與介入個案的生命選擇？

視個案狀況判定，如果是行為能力與精神狀況都可以承擔，那當然是我們一起討論選項，並且讓決定權保留在個案身上，他們需要的幫助只是知道有更多選擇。但如果是危及生命，並且患者已經失去判斷能力、情緒起伏過於激烈，你知道讓他在這個當下去選擇一定會給他更多傷害，那就可能會需要聯繫家屬，或是引導他去不會傷害自己的路。

另外一個倫理問題，是當需要溝通家屬時，你是否要詢問個案的意願。我會希望我還是可以跟個案達成共識，但也有那種完全不想跟家人溝通、無法承擔家人任何反應的病患，其實都需要視個案情況處理。

「自殺防治法」草案裡有明訂諮商師自殺通報的責任，諮商師與家屬溝通與諮商的案例也有。除了一起商討可以怎麼幫助這位病人，我們會問個案是否願意讓身邊的人來幫助你、並且說清楚怎麼幫。在我們的觀念裡，尊重病患的意願與權利是最重要的。

另外，家屬本身也可能需要做諮商，長期陪伴者與照顧者的壓力是很大的，如果陪伴者在這個過程非常煎熬，也可以開啟另外的諮商療程，處理他的壓力，之後再來對照他們之間的問題，構成更強壯的防護網。

Q：你會如何拿捏與病患之間的界線？這之間是否有倫理問題？

A：最重要的就是保護病人的權利。如果你們有太過靠近的情感甚至身體依附、或是金錢往來等，可能造成往後病人的傷害與往後看診的權利，這件事在法規上是明訂禁止的。有些病患會希望跟你有更多情感連結，但其實嚴謹傳統的學派甚至會認為走在路上不能跟病患打招呼。我自己覺得這部分可以更自然一些，畢竟很多病患在諮商結束以後，就會完全失去可以傾訴的對象，但我會跟他說，你可以寫信給我，我會知道跟看見你的狀況，只是那不是我的上班時間，所以我不一定會回覆你。當病患已經求助無門時，至少他還可以寫信給你。我所知道在醫院的系統，其實你需要時是聯絡不到諮商師的，你只能透過留言的方法，也不知道對方是不是會收到。

最後那把尺，其實是在諮商師自己心裡。比如說，有些學派是完全禁止肢體接觸，擁抱、握手、拍肩等行為都不行；有一些治療取向又會信任身體的接觸，它可能是一種介入治療的手段，但即便是採取這種治療取向的學派也都會非常小心。我個人是可以在這件事上有彈性的，我覺得面對每個人、每種不同的狀況，都需要不同的處理方式，沒有這麼制式，可以更有溫度一些。也有一些人對於觸碰是很敏感的，比如他可能有創傷經驗、受到性侵害等個案，碰觸會讓他們更不舒服。

Q：你怎麼看待諮商師與病患之間的關係？

A：有些人說治療關係，有些人說諮商關係，其實前者聽起來就比較遠，這個用詞本身背後還是有一個權力關係在，諮商關係則是降低兩者之間的不平等，將諮商師與病患拉到對等關係，所以我喜歡說「這是我們合作的過程」。「合作」表示這之間沒有太多的高低，只是有的時候我必須要走在你的前面，幫你看見一些事，至於要怎麼走，還是由你去決定，因為無論如何，接下來的路你都要自己走，重點是我要幫助你思考要怎麼走到那裡、鍛鍊出可以去走這條路的肌肉。

Q：阿滴跟我們分享過在治療中你會經常詢問他童年經驗，這與你的治療方法 EMDR 有關嗎？

A：「EMDR」又稱「眼動脫敏再處理」，通過特定的眼球運動（也可以是聲學或觸覺刺激）進行的雙側刺激，使大腦兩半球有機會進行同步，功能失調的創傷經歷在內部得到重組機會。為一種回溯患者創傷經驗的治療方法，用積極的、現在的我回到過去受創傷的場景，再次面對壓力與重新選擇其情緒反應。

所以，我們會經常要患者回想過去的事。諮商其實是透過整合過去與現在的經驗，去定義出現在的問題。回溯過去的創傷，一定會有不舒服的感覺出現，但如果完全沒有這個過程，治療不可能有效。我們就是透過這種去改變認知中對創傷的情緒感受來問對問題、處理傷害。

很多人好奇為什麼要問童年經驗，其實可以說是「早期經驗」。大腦前皮質層二十歲以後才會發育完成，在這之前，這關乎人類的判斷力、心理及自我認知養成。舉例來說，如果今天我初次見到一個三十歲的成年人就胡亂兇他，他只會覺得我莫名其妙；但如果對象是一個兒童，他可能會在恐懼、害怕等情緒下開始檢討自己，這種反應會演練成一種內建。所以我們很常問患者早期經驗，就是為了要找到真正的問題。而原生家庭是一個人最早進入群體、成立社會經驗的團體，對一個人的發展影響特別深刻，所以我們會詢問患者童年與家庭的關係、與家人之間是否有發生特別的事件等。

很多人絕望地來進行諮商，對於需要對話的過程與時間、甚至是處理「不是當下的問題（如早期經驗的回想）」失去耐心，這會很可惜，可能失去與自己的過去對話、找到真正要解決的問題、諮商這條路真正要走的方向。

Q：你會怎麼建議病患找到自己適合的諮商師？

台灣醫療資源豐富，只要是諮商師就必須通過國家考試，在知識上大多是可以安心的。不過由於諮商很講求對話，心理上的溝通也需要對頻，病患也會很在意跟諮商師對話的「感覺」：有些人喜歡權威式的對話，有些人喜歡平等的對話，這個需要視個人需求去判斷。

我會建議你給諮商師至少四次機會，如果一個諮商師在四次以內無法讓你感覺這個療程可能是好的，那也許你們不太適合。在溝通過程中，務必要誠實對諮商師說出你的感受，就算是你很討厭諮商師，也可以說出來，讓他去意識到跟發現問題，才能解決，我覺得一個成熟的諮商師應該要有能力去面對這樣的問題。

不過，如果你換了超過三次以上的諮商師，可能真的在一開始就要好好認真與下個諮商師溝通你有這樣的狀態，會對你的療程比較有幫助。

rTMs Q&A

藥物以外的治療方法是什麼？

訪談對象——朱軒德醫師

三軍總醫院北投分院成人精神科主治醫師，國防醫學院醫學系畢業，曾任三軍總醫院一般醫學部 PGY 住院醫師、三軍總醫院北投分院住院醫師。

Q：朱醫師平時也會問診嗎？或是只做 rTMs（經顱磁刺激）的治療？

A：對，目前任職於三軍總醫院的北投分院的主治醫師，平時也會問診。rTMs 是屬於一種精神科治療的專業，不是專科，所以我做的就是精神科門診醫師會做的事，也會幫病人做藥物治療。這項技術並非每家醫院都有引進，國內的入門門檻不高，但還是需要累積一定的施作經驗。這個機器與技術在台灣是二〇一八年衛福部才通過的，美國ＦＤＡ是在二〇〇八年就通過了，加拿大則是在二〇〇三年。

Ｑ：除了憂鬱症以外，這項技術是否也可以治療其他疾病？

Ａ：這個技術是透過活性刺激改變大腦的機制，比如說中風的復健，透過這個去訓練肌耐力等，因為大腦受傷的身體功能，可以嘗試用這個技術去做復健，急性中風可能就比較不適合，通常是等大腦相對穩定後再做復健功能。恐慌症、創傷後壓力症候群，都是有機會透過這項技術獲得改善的。

Q：你接觸這項治療方法的起點為何？

A：二〇一八年衛福部通過後，各個醫學中心或較大的地區醫院會慢慢引進，我們醫院也是從那時討論引進，我在隔年年初去台北榮總受訓半年，學習的對象是台北榮總精神部的主任李正達，他是我在這個領域的老師，現在也持續會參加團隊的研究。這個技術還有很多可能性，在醫學界仍然是持續在前進的。憂鬱症難在治療效果不一定適用於全部的人，有時因為臨床上的表現太多樣性，大家改善的症狀不太一樣，還有精進的空間。

Q：請問 rTMS 使用的原理與醫學的根據是什麼？

A：基本原理就是藉由金屬線圈的快速磁場轉換產生微電流，刺激大腦的皮質細胞，去活化、或抑制大腦皮質細胞的活性與可塑性，有點類似做微調。大腦的神經控制跟前額葉是環環相扣的，學理上來說掌管很多功能：情緒控制、認知功能、動作功能等，有點類似大腦指揮中心，藉由調整前額葉的大腦皮質細胞，目前看來是有助於對其他大腦構造與波位做改造，可能改變情緒、睡眠、焦慮，甚至疼痛的症狀。

Q：大部分患者在治療過程中會出現的實際感受為何？

A：因為治療是透過高速密集的刺激頻率，會像是不斷拍打、橡皮筋彈的感覺，一點點的疼痛感，刺激四秒、休息二十秒，這是一個循環，這樣的循環進行六十次，一次療程大約是二十幾分鐘，其實大部分人是覺得頭皮有點麻麻的，敏感一點的人會覺得疼痛，但隨著治療，這種感受也會趨緩。也有人會覺得做完二十分鐘的療程，感覺累累的，因為重複刺激完大腦，白話一點說就是在做一個訓練，訓練後還是會有疲憊感，有些人因此做完後回去比較好睡。

Q：治療以後患者的感受大概會是什麼樣子？會從什麼地方開始發生改變呢？

A：從十次到三十次都有必要，所以治療過程會是兩個禮拜到三個月，治療後日常上可以觀察睡眠狀況、白天的精神等，療效發揮就可能減緩不舒服的時間，比如焦慮的狀態變少，也有人覺得思考變得比較單純，沒有那麼鑽牛角尖。但很多病人會對外在的事物感到冷感，不論好壞事，都不太能引起他的共感。從一些小點開始變化以後，憂鬱的感受會開始減少，慢慢的累積跟變好。心情上可能還是會不好，但是可能會感覺到心情是有「起伏」的，

治療療程的話，阿滴做了三個 session，總共三十次，根據他的復原狀況，來的頻率也會做調整，比如說一開始是每天都來，後來是好幾天來一次。

Q：請問療程大約需要多久？如何計費呢？一般民眾要如何找到資源呢？

A：研究上大多數是二十次為一個中間值，台灣也有些醫師把十次當一個基準參考點。如果能做到二十次最好，治療的次數多，改變的幅度也會比較大。因狀況的改變，到三十次都是可以的。

費用在北部大約都是每次五千塊，這個沒有納入健保，十次就會是五萬塊，通常都是以十次為一個session。為了更完整去判斷治療效果，我會建議還是要做到二十次，有些人前面十次感受還沒有那麼明顯，尚未達到他花這個費用的預期效果，但十次還不足以判定這件事是無效的，當然這有關很多實務上的考量，但研究上二十次還是比較標準的基準值。

會做這個治療的人，通常都已經使用過藥物治療，但可能療效有限，所以這個治療本身就針對反應沒有那麼好的病人、在復原上比較困難的族群，治療以後有療效反應是30%到40%，聽起來好像沒有很高，但其實已經是在困難的個案中提高了復原機率。

大型的醫院可能都會陸續引進這個服務，不過因為台灣通過這項技術也才兩三年，所以要普及還需要一些時間，很多私人診所也都有，因為這是自費費用，診所看到滿多個案得到改善，也會開始使用。

Q：你會怎麼判斷一個病患是否需要進行療程呢？

A：初步還是希望病人配合醫生做治療，若已經進行過藥物與心理治療後，還是不滿意效果，就可以考慮是否要進入其他療程，打破療效的天花板。當然，還是要配合生活習慣的調整與改變。

這個技術只是多提供一個方式，讓治療憂鬱症的效果提升到更好的狀態。或是有些患者因為要準備懷孕，想做藥物的減量跟調整，也有可能作為銜接療程。但是否可以斷藥，還是要經過醫生的評估。

治療憂鬱症的介入式療法，在台灣還有比較傳統的電痙攣治療，在治療重鬱症上滿常見的，但相對的副作用也比較大。它是透過癲癇發作、肌肉抽搐的方式去改變大腦的活性，可能會有記憶力受影響的情形。經顱磁刺激則不太會影響日常生活，不像電痙攣刺激需要觀察期，但因為有麻醉處理，也需要恢復期。

另外經顱磁刺激則是比較適用於憂鬱症，躁鬱症的使用方法還在持續發展中，國外已經有一些研究出來，台灣目前主要開放給憂鬱症。

Q：阿滴在患病時很擔心自己的大腦會因為病症變化，變得不像以前有思考邏輯，你覺得病人要怎樣面對這樣的狀態？

A：阿滴其實是有點過度壓榨他的大腦。因為工時很長、思考量大，所以也讓他形成一種壓力，有點像CPU過熱，時間太長、負荷太多，還是要慢下來。當時他會過度悲觀，怕自己回不去，我跟他說可以倚靠藥物跟生活的調整、創造新的生活方式。腦袋好像沒有以前有邏輯也是生病的症狀之一，也是復原努力的目標，並非吃藥或一生病就會變笨。

滴爸、滴媽 Q&A

陪伴憂鬱症孩子的日子

訪談對象——滴爸、滴媽

阿滴的父母親從事紡織業。滴爸是公司老闆，滴媽數十年來都是老闆特助，兩人無論工作或生活都幾乎形影不離，也因此造就了不必言說便能熟知彼此情緒的絕佳默契。阿滴、滴妹長大後，父母更是全力支持兄妹的 YouTube 事業，並深深以孩子為榮。

Q：在兩位的心目中，阿滴小時候是怎樣的孩子？

滴媽：哥哥是很樂天好動的小孩，小時候上幼稚園，因為私立學校是很開放的空間，他上課都會亂跑。我們那時也是第一次養小孩、第一次做父母，也在學習怎麼跟這個小孩相處。

滴爸：對於阿滴的活潑，我們並沒有特別困擾。去學校是小孩的第一次社會化，他那時很喜歡走動、正在適應學校的規矩。他們這一代的小孩跟我們這一代很不一樣，我們也會調整自己的教育方式。記得他一、二年級時，為了想要就近看一下小孩在學校的狀況，我去當了他們班級的家長委員。

滴媽：國小時他的好友沒有很多，他小時候在練鋼琴，那時皮膚還很好，是不知憂愁的一個小孩，兩邊臉頰總是紅紅的，我們都叫他「小蘋果」。小時候鋼琴、心算都學了，很自然地在愛裡長大。他從小就對妹妹很好，妹妹一直跟在他後面，兩個人從小感情就很好，我很少看他們吵架，他是一個很會照顧人的人。

Q：小時候的阿滴最常因為什麼事情而流眼淚？

滴媽：有次在書房裡，爸爸教他練握筆，畫圓圈、畫直線，那時候他才念幼稚園，坐不住，握筆又沒力氣，總是畫不好，爸爸很嚴格，他就很委屈地哭了。

滴爸：我那時訓練他畫直線、畫圓，要很方正、很圓，希望他練好了，寫字就會很漂亮。不過你看，他現在寫字是真的很漂亮。

滴媽：他才剛去新加坡時，因為是全英文教學，對於當時的他來說很吃力，所以成績不理想。他爸爸看到那個成績，就唸了他一下。他從小不太會哭，覺得被誤解時才會哭，我也會很心疼小孩，不過後來，他成績就一直保持在很好的狀態。

滴爸：其實我們也是抱持著不能半路放棄的心態。我們不是隨隨便便決定送他去新加坡的，沒有父母會想跟小孩相隔異地。我們總希望可以好好安頓小孩子的生活跟學習，每當他有挫折感，我們也會懷疑自己是不是做錯決定。國中時他考上維多利亞學校，可見他那時候成績多好。阿滴是很聰明的人，只要確定，要做就會做好。

滴媽：阿滴去新加坡時，英文基礎只有在吉得堡補過三個月。那時候，他們一天要背滿五百個單字。

滴爸：他在新加坡的簡報跟滿滿的單字本，我們都有留下來……那時候很流行神奇寶貝，我們在夜市看到，就打新加坡長途電話問他要不要，連盜版、正版也分不清楚，就是想要彌補他，希望他可以擁有想要的玩具。雖然以我們的立場看，認為去新加坡讀書是為他們好，但小孩在異地讀書，我們也會有遺憾。

Q：當初為什麼決定想把兩個小孩送去新加坡念書？在你們看來，

這段經驗是否給孩子帶來什麼樣的變化？

滴爸：當時新加坡在徵求家庭居民以充實人口素質，如果是整個家庭過去，居留證很快就會下來，我姊姊帶著三個女兒一起去，我媽媽也過去了。我們決定把兩個小孩送過去時，也考慮很多，覺得我們兩個等經濟基礎安定以後，也會過去，這樣一家人就都在那邊生活。

滴媽：當時我們主要的貿易夥伴也在新加坡，卻遇到二〇〇八年的金融海嘯，不得已才把他們接回來。那時哥哥已經要上國中，在學習上又經歷了另一次很大的變化。為了維持他的英文水平，一方面讀美國學校的課程，一方面也要去補習其他學科，補齊之前沒念到的東西，才能考台灣的高中升學考試。

滴爸：我們就是很普通的家庭，會希望小孩子可以好好念完大學，所以至少先有個正常的高中讀，當時回來台灣的教育體系比較辛苦，其實這兩個小孩很乖，他們就是吞下去，即便我們都知道這個環境的轉變都是很需要適應的，但他們也沒有反抗，就是都在學習。

Q：記得阿滴有過比較讓你們擔心的時期嗎？

滴爸：國二時，阿滴皮膚開始出狀況，那時他面臨升學與跟生理狀況的壓力，我們也是很積極想要治療好。皮膚科門診永遠在大排隊，看遍了醫生，但效果有限，醫療條件不好。有次最瘋狂的是，在一個平常的上課日，我們掛好了林口長庚，等他下課後，我們就接他去林口。那次下課有點延遲，為了趕上門診，我們帶著兩個小孩在高速公路大飆車。我忘不了那種心情，打電話去拜託醫生：「我們今天一定會到，你一定要等我們！」因為掛號很難排進去，對我們來說，小孩子的健康就是最重要的，很多鄉野方法我們也都試過了，比方說泡漂白水，擦一些不知道哪裡來的藥膏。

滴媽：阿滴的不舒服，我們都看得到。他那時候滿沮喪的，他可以體會到我們的沮喪，因為都不會好，他也知道，我們都很努力了。

滴爸：那時候的阿滴，已經不是小學時樂天活潑的個性了。他雖然沒有講，但你就是看得很清楚，他滿身傷口，床單被單都是血跡，地板上都是皮屑……這能不痛苦嗎？我們到處看醫生，一起熬過這個時光。我是後來才知道，他在高中時期滿封閉的，當時課業壓力很大，可能在同儕間也有壓力，那時候很明顯，笑容比較少，如果不是他後來在ＩＧ講說以前因為皮膚炎被人家嘲笑，我們還以為他人緣一直都很好。

滴媽：甚至他青春期也沒有叛逆、不會頂嘴。可能因為他們成長期間都在新加坡，我們比較少在一起，哥哥就會很珍惜跟我們在一起的時間——他們很清楚知道我們的立意都是為他們好，我們也在做我們所可以做到最好的。從新加坡回台後，他就比較獨立了，可以照顧自己。

Q：一開始你們支持阿滴成為 YouTuber 嗎？這件事是否為你們的家庭帶來什麼影響？

滴媽：我們在旁邊看，覺得他做得很好很棒！一開始起步時，我們一家人在新店的家裡做小代工、包阿滴英文雜誌，大家分工貼名牌、貼地址、包裝，那個情景我一直印象很深刻。

滴爸：他碩士畢業以後，在 VoiceTube 做課程內容的設計，後來說要出來自己做 YouTuber 時，我們也很尊重他。阿滴從小就很聽話，成長過程中很少像這樣，做出一個意外的決定，那次是少數他發聲，說自己要做什麼，那代表他是真的很確定。我們秉持著家庭強大的向心力跟信任度，就決定支持他。

滴媽：所以即便是沒有月薪，我們當時也不知道 YouTuber 是什麼……雖然有點擔心，還是支持他去做做看。他當 YouTuber 後最大的差異喔……出去要行為端正（笑），我在 outlet 逛街也會被認出來，我們家人就是很樂天很陽光，被大家認出來，我們也會打招呼。

滴媽：另外就是，我們也會看到網路上有很多評論哥哥的留言，很多東西都不是事實，但他要自己消化。我們家裡不太講這件事，網友講的東西都很無聊，會因為不喜歡你而酸你，你跟他解釋一百遍，他還是不會喜歡你啊。像哥哥會得憂鬱症也是因為這樣，他從小就希望把事情都做到好，他的立意很棒，但會被人曲解，懷疑是不是自己做不好……

Q：阿滴作為一個有影響力的人，言行都很受重視，你們是否感到驕傲？

滴爸：以前他們去讀美國學校，校長老師都是外國人，我們要用很破的英文跟老師交談，就用英文跟老師說：這個小孩是我們的驕傲，他們從小就是我們的驕傲。

滴媽：從他們小時候，我就很崇拜他們！長得這麼可愛，我看到他們都覺得，哇，他們比我們成功很多。阿滴生病，也比我堅強很多，我們都有皮膚炎，但他沒有自暴自棄或情緒化，而是自己承受跟克服。這些人格特質，都讓我覺得我的小孩很棒。

Q：阿滴曾經兩度告白自己的憂鬱症，當下你們的心情為何？又在得知之後做過什麼樣的討論呢？

滴爸：憂鬱症對我們來說其實滿遙遠的，我們沒有親身碰到過，一開始得知，也花很多時間消化。就像以前阿滴得皮膚病，我們也是上網找資料，「病急亂投醫」，對的也做、不對的也做，都想嘗試看看。現在網路的內容更多，很多答案、很多看法，我們也要思考更多該怎麼做。下決定很難啊……我們知道這樣的情況後，去找很多資料，最重要的是準備好按部就班的心情，去就醫，跟著醫療體系走。

滴媽：他第一次跟我們講時，是在他舊的工作室。那時，他抱著爸爸，像個孩子一樣哭，就像回到他小時候一樣，需要爸媽照顧。雖然我們也不是很確定到底什麼是憂鬱症，但知道哥哥有點不對勁了。後來他看過醫生後，確診是憂鬱症，我們就決定一起來面對它，阿滴會開始說出自己的災難性思考，那是平常很有邏輯的他不會說出的話，我就確認了這個事實：我有一個憂鬱症的兒子。其實我們當下，也不知道他說的那些恐怖的狀況到底會不會發生，是因為有很多他的朋友、經紀公司的人，都會跟我們一起討論他的狀況，我們才能判斷那些負面思考到底是不是真的。

滴爸：他青少年時期有皮膚病症狀，全家曾經一起經歷辛苦看診的過程，但二〇二〇年九月的憂鬱症，對我們來說是全新的事情，直到二〇二一年的三月開始有些好轉……這半年來我們父母也像行屍走肉，不知道最後會怎麼樣，也不曉得會不會好，但無論如何，我們一定要帶他去做完這些療程。

Q：照顧阿滴的異位性皮膚炎跟憂鬱症這兩個病況，有什麼相似之處、不同之處呢？

滴媽：相似的地方是，異位性皮膚炎也是時好時壞，好的時候像在天堂，不好就在痛苦的地獄。爸爸媽媽的心情是：我的身體流血沒關係，但小孩身上有一點小傷口都很痛苦。我們看到他在受苦，也會一起受苦。

滴爸：我覺得一樣的是，都要打開心胸好好看醫生，不管是皮膚炎還是憂鬱症，都不會自己好起來，要尋求專業判斷。皮膚炎真的糾纏很久，憂鬱症反而沒那麼久，但相對更讓人擔心，因為會影響到精神狀態，未知跟恐懼更大。雖然皮膚炎二十年間好好壞壞的，但憂鬱症給我們整個家庭的影響是比較大的。

Q：面對阿滴罹患憂鬱症時，你們如何適應他的病者身分？

滴爸：這跟我們以前相處時的他完全不一樣。以前他是一個很有把握、很有條理的人；憂鬱症改變了他的思考方式、我們的互動模式，阿滴會一直很無助，感覺像是一個沒有未來的人，就連外表也不一樣了，他總是呆坐在那邊，手一直抖，看醫生也需要我們強拖著他去。

滴媽：我們那時跟工作室的夥伴與朋友有一個群組，很害怕他去自殺，大家排時間關心他、陪伴他，家人分到的時間是晚上陪他吃飯。我覺得這個很重要，把身旁的人聚攏在一起，大家一起釐清他的狀態是什麼，形成一個比較健康的支持網。

滴爸：對我們來說，那時也是處在未知的恐懼裡，晚上他睡著時，我們也不敢離開，一直都在防備狀態。當時他常在很亢奮跟很憂鬱的狀態中來回，我們誤以為他今天狀況很好，隔天又變得呆滯無助，我們好像在坐雲霄飛車一樣……後來才知道，那是跟他躁與鬱不同的病情表現有關。所以觀察病人，跟去了解病的表現是什麼，也會幫助我們去填補對這個病的未知感。

Q：阿滴生病期間，發生過什麼讓你們印象深刻的事嗎？

滴媽：有次哥哥躺在床上不願意起來，但醫生跟我們說，病患最好不要躺在床上。我們就去拉開他房間的窗簾，把他叫起來。那次，他穿好衣服走到樓下，整個人是有體無魂的狀態，他在路邊蹲著看路邊的小花……我們就好後悔，為什麼要逼他走出來，我們也會自責，覺得對他很殘忍，心情很矛盾……

滴爸：慢慢釐清他發病的狀態跟根源以後，我們很戒慎恐懼，小心不要觸動他惡化。阿滴那時無法控制自己的狀態，一定必須是我們做父母的引領他。這個疾病不像感冒，自己可以拖著疲憊的身體去看醫生；有些病患，如果沒有家人或第三者帶去看醫生，可能很難自己主動就醫。

滴媽：我們感受得到他自己想好起來的意志，所以只要他有需要，比方說看診、打 rTMS，我們一定會撥出時間，陪他積極接受治療。因為我們已經不知道能做什麼，能夠提供給孩子的就是陪伴的時間。我們也會幫他在板子上寫下他的煩惱，一起分析跟面對。雖然也會害怕更加重他的壓力，但還是一定要確認他是安全的，讓他知道我們愛著他，可以一起解決問題……

滴媽：有一天在工作室，我跟他說：「哥哥，你一定會好起來。」他突然崩潰，躺在地上大哭，喊說：「為什麼是我？」我在旁邊很心痛……那時候只能抱著他，跟他說：「沒有關係，沒有關係。」他又說：「媽媽對不起，我不應該講這樣的話。」

滴爸：生病的狀況，有任何異常都是正常的。我們幫不到你，真希望有什麼仙丹，吃下去讓你馬上好，舒服一點，但只能按部就班，那我們就慢慢來。我會更擔心的其實是呆滯這種狀況，他整個人失去生命能量的感覺；而當阿滴崩潰、發脾氣，我覺得那是想要好起來的表現。病患會出現的任何情緒反應，我們做父母的一定是很體諒，無論他的反應是什麼，他是無辜的，他是無奈的，我們要想別的辦法去緩和他的情緒。

滴媽：那段時間，我們就當作他回到八、九歲的時光，當作是小孩子一樣在照顧。回想起來，那反而是他長大以後，跟他相處最久的時間。他去看台大的門診之前，一直質疑是不是療程都無效，但台大醫生給我們很大的信心，告訴我們，一開始一定會不好，會無法做自己，但在一個月內一定會做到30%，三個月內會康復到60%等。當他無力時，我們就會把這些話po給他看，叫他不要懷疑自己，堅定他信心的同時，也是在堅定照顧者的信念。我們就相信醫生講的話，今天不要想明天的事情，只要把今天過好過滿就好了。一個月後，我們就來看看，對，他真的像醫生講的，可以自己呼吸了，不再像有石頭壓著。哥哥比較大了，可以努力改善自己，但有些人年紀比較小，他可能更無力，更無法支撐自己，我想對這樣的小孩說：你只要度過這段時間，一定會好，即便無法回復到100％的自己也沒有關係，你一定可以回到80％的自己，這樣的你已經很好了，不要想當那個完美的人。

滴爸：阿滴很幸運，他的病只花了半年多就好轉，身邊有很多人幫助他，現在，我比較擔心他的睡眠問題，睡不好，情緒也容易有不好的發展。有時早上八點起床，我看到他四個小時前在臉書上留言，也會很擔心；如果他去拍了吃美食的影片，就會覺得很開心，他有在好好生活。

Q：阿滴生病，是否也讓你們重新認識了自己的孩子呢？又從憂鬱症的小孩身上學習了什麼事？

滴爸：如果說阿滴以前是乖小孩，現在就沒那麼「乖」……比方說可以跟酸民嗆，有點硬漢的樣子。在我們看來，很像是看他再長大一次，變成可以面對自己人生的大人，不再是「溫良恭儉讓」，什麼都想要讓人家滿意。

滴媽：我能感覺到，哥哥比較可以做自己了，經過這件事，他比較知道怎麼跟自己相處，而不會只有工作，我現在看到阿滴坐在那邊打電動，我就好開心。

滴爸：其實每個人面對自己的小孩罹患憂鬱症，一定會有不同反應，因為我們夫妻倆的個性與屬性，才會有這樣的處理方式。我們很幸運，得到的結果是好的。但很多人不像我們這樣，結果就不見得這麼好，一個人生病，不只是一個人的事。

滴媽：很多人知道小孩憂鬱症後會責怪：「為什麼你一天到晚這麼憂鬱？別人就沒生病，你怎麼會生病？」看到這些，我會很心痛，孩子經歷了許多我們無法陪伴的恐懼，他有時只能自己走過。做父母不可以只看到小孩子的問題，要看家庭可以為孩子做什麼。小孩子也不知道為什麼會這樣啊，可是，父母可以思考：自己講話口氣講話可以好一點嗎？可以不要整天罵孩子沒用嗎？有時候觀點改變，很小的行為就會帶來變化。

2016
成為全職 YouTuber 的那一年

2017
成立阿滴英文的公司與團隊

2018 裝修古亭工作室，完成攝影棚

2019.01.10 頻道突破 200 萬訂閱次數

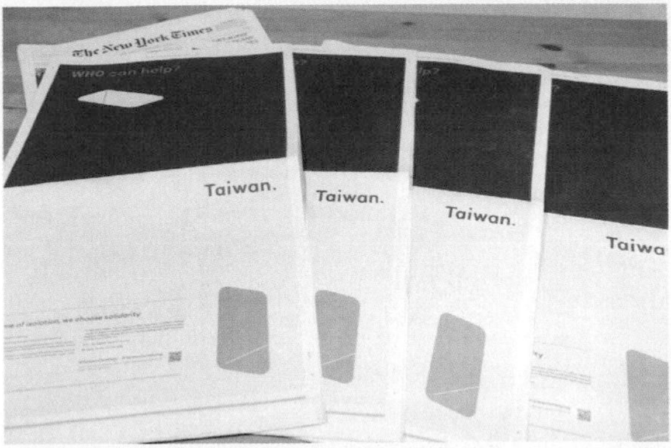

2020.04.10 發起 Taiwan Can Help 紐時集資

2020.07-09 無視憂鬱傾向，加倍投入日更工作

2020.09.20
憂鬱症正式爆發的那一天

2020.09.22
Adam 跟 Hailey 陪我深聊憂鬱症

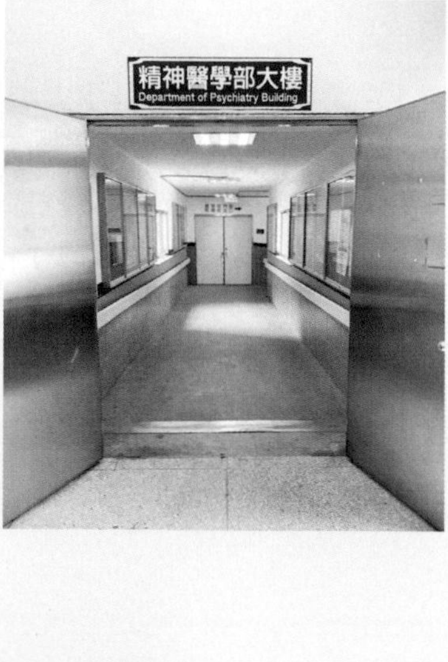

2020.10
在各種小診所與台大醫院往返看診

2020.10.18
半夜傳了一長串訊息給妹，
她隔天凌晨跑來找我

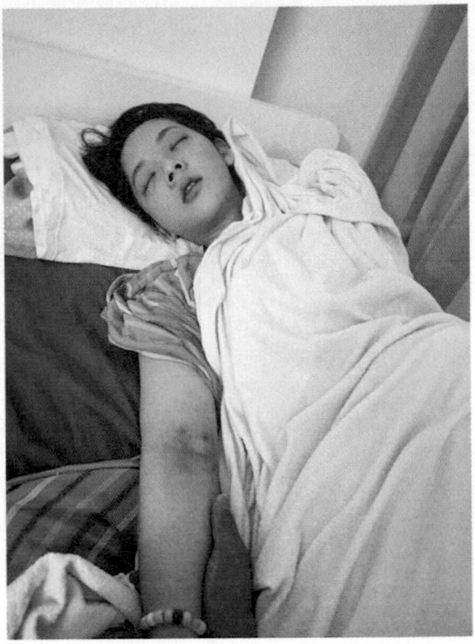

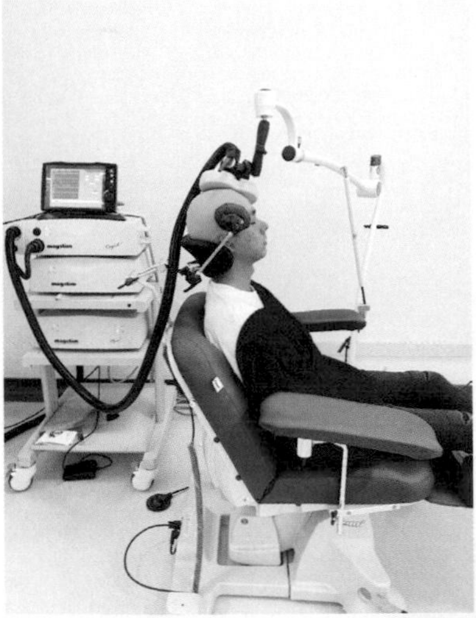

2020.10.26
正式開始 rTMS 治療

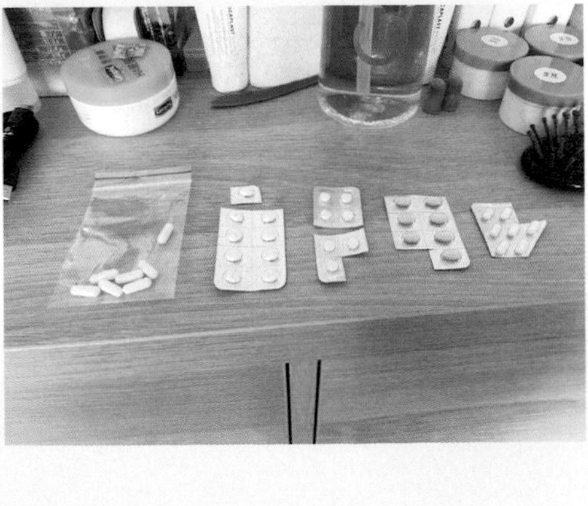

2020.11
逐漸加藥，提升劑量

2020.11.11
爸媽接送我看診時說要拍一張紀念照

2020.11.24
景美工作室開始裝修

2020.12.17
把象徵性的簽名牆搬離古亭工作室

2020.12.26
包裝並寄送最後一期
《DEAR》月刊

2020.12.30 搬至景美工作室

2020.12.31 在女友的朋友家跨年

2021.01.14 參加昆凌電影首映會，與周杰倫合影

2021.02.10　與朋友一起去宜蘭出遊，久違的開心拍攝

2021.02.14
第一次自己煎牛排，
開始學習廚藝

2021.03.22　最後一次在古亭工作室拍攝

2021.07.11　拍攝並上傳影片〈在憂鬱症中掙扎了一年，我學到的事〉

Eurasian Publishing Group
圓神出版事業機構
用心與你對話．視野無限寬廣
如何出版社
Solutions Publishing
www.booklife.com.tw　reader@mail.eurasian.com.tw

Happy Learning 204

按下暫停鍵也沒關係：

在憂鬱症中掙扎了一年，我學到的事

作　　者／阿滴（都省瑞）
繪　　者／小鬱亂入
採訪撰文／李姿穎
編輯企畫／黃銘彰
發 行 人／簡志忠
出 版 者／如何出版社有限公司
地　　址／臺北市南京東路四段50號6樓之1
電　　話／（02）2579-6600．2579-8800．2570-3939
傳　　真／（02）2579-0338．2577-3220．2570-3636
總 編 輯／陳秋月
副總編輯／賴良珠
專案企畫／尉遲佩文
責任編輯／柳怡如
校　　對／柳怡如．丁予涵
美術編輯／蔡惠如
行銷企畫／陳禹伶．朱智琳
印務統籌／劉鳳剛．高榮祥
監　　印／高榮祥
排　　版／陳采淇
經 銷 商／叩應股份有限公司
郵撥帳號／ 18707239
法律顧問／圓神出版事業機構法律顧問　蕭雄淋律師
印　　刷／龍岡數位文化股份有限公司
2022年6月 初版
2024年6月 10刷

定價 430 元　ISBN 978-986-136-623-4

爲了自己而停留、察覺並不是壞事。我們都應該更加重視自己的心理健康，不要等到生病了才想要修復，就算眞的生病了，有病識感的讓自己停下來修復也沒關係。

——《按下暫停鍵也沒關係》

國家圖書館出版品預行編目資料

按下暫停鍵也沒關係：在憂鬱症中掙扎了一年，我學到的事／阿滴（都省瑞）著.-- 初版. -- 臺北市：如何出版社有限公司，2022.06
256 面；14×20.8 公分. --（Happy learning；204）
ISBN 978-986-136-623-4（平裝）

1.CST: 憂鬱症 2.CST: 通俗作品

415.985　　　111005726